二級・三級海技士(航海)

口述試験の突破

航海編

（6訂版）

平野研一・岡本康裕 共著

株式会社

成山堂書店

は し が き

船舶職員の訓練要件及び資格基準を定めるSTCW条約の批准に伴い，昭和58年４月船員法及び船舶職員法が大幅に改正され，従来甲種，乙種及び丙種の８段階であったものを，１～６級までの６段階に再編し，海技従事者国家試験細目も新たに定められ現在に至っています。

さらに1995年改正STCW条約の採択及び2010年マニラ改正を経て，海技従事者にはこれまでにも増して技術・技能の維持が求められ，甲板部職員に対するECDIS使用に関する能力及び非常事態に対応する訓練等，わが国においても知識の修得はもとより，免許講習による実務能力の強化が一層望まれているところです。

本書では，平成元年に科目別の３分冊（航海編，運用編，法規編）とし，内容は２級及び３級海技士（航海）の受験者を主な対象としてまとめました。

今回の改訂は，特に近年の電波計器・電波航法の一層の進展，航路標識の近代化及び水路図誌等を取り巻く状況の変化等並びに最近の口述試験問題の出題傾向を踏まえて関連する設問を追加，記載内容を見直すとともに一部の設問を削除しました。

各設問の解答は，簡潔な説明としていますので，口述試験の対策のみならず，筆記試験のまとめにも十分に役立つものと信じています。

本書を十二分に活用され，首尾よく栄冠を勝ち取られるよう願って止みません。

2022年２月

著　　者　　識

執　筆　分　担

第 1 章　岡本康裕
第 2 章　岡本康裕・平野研一
第 3 章～第 7 章　平野研一

目　　次

第1章　航 海 計 器

第2章　電 波 航 法

第3章　航路標識

第4章　水路図誌

第5章　潮汐，潮流および海流

第6章　地文航法

第7章　天文航法

第1章　航 海 計 器

自 差 係 数

問題　1　自差係数とは何か。

解答　自差は船内の種々の鉄材によって生じるが，鉄材の品質や分布の方向・位置によって自差を解析種別し，A，B，C，DおよびEの符号をつけ，それぞれの最大値を自差係数という。自差係数を求めておけば任意の船首方向における自差の値を算出することができる。

表1.1　自差のまとめ

型式	自差係数		自差曲線	原因となる鉄材など
不易差	+A	0	→船首方向	コンパス自体の誤差 非対称水平軟鉄
	−A	0	090　180　270	地磁気の地方的乱れ 測定上の誤差
半円差	+B	0	→船首方向	船体永久磁気 （前後方向に分かれて磁化された）
	−B	0	090　180　270	垂直軟鉄
半円差	+C	0	→船首方向	船体永久磁気 （左右方向に分かれて磁化された）
	−C	0	090　180　270	
象限差	+D	0	→船首方向	水平横走軟鉄
	−D	0	090　180　270	水平縦走軟鉄
象限差	+E	0	→船首方向	水平斜走軟鉄
	−E	0	090　180　270	水平斜走軟鉄

【参考】

偏差とは，真子午線と磁気子午線のなす角をいう。

自差とは，磁気子午線と磁気コンパスの示す南北方向のなす角をいう。

自差係数についてかんたんにまとめると，表1．1のようになる。

詳細は米澤弓雄著「基礎航海計器」（成山堂書店）などを参考にされたい。

ガウシン差（ガ氏差）

問題 2　ガウシン差（ガ氏差）とは何か。またガウシン差（ガ氏差）が最も著しく現われるのはどんなときか。

解答　船体を構成する材料の中には硬鉄と軟鉄の中間に属する材料がある。このような材料の磁気的な性質も両者の中間になる。そしてこのような材料がある期間地球の水平磁場の中に保たれると，機関の回転や波浪の衝撃等による振動のために磁化され，その後船首方向を変えても軟鉄のように急速に磁気を失わず，徐々に磁性を失う。このような期間中は自差が徐々に変動する。このような自差をガウシン差という。

ガウシン差が最も顕著に現われるのは，船が東方または西方に数日間航行した後に，北または南方に約90°変針したような場合である。

自差測定法

問題 3　自差測定法をあげよ。

解答　自差測定法には次のような方法がある。

1　遠方物標の方位による方法。

2　天体の方位による方法。（詳細は第7章天文航法参照）

3　ジャイロコンパスと比較する方法。

4　磁気方位のわかっている物標による方法。

それぞれの方法には特徴があって，いつでもすべての方法が利用できるわけではない。場所や天候などによって左右されるものであるから，自差測定の目的，場所および天候などによって最適な方法を選べばよい。

船の正確な位置，つまり正確な緯度経度と正確な時刻，偏差がわかっていて，しかも地方磁気のない場所で，天体の方位によって自差を測定すれば，最も正確な自差が得られる。天体の方位による自差測定法は最も基準となる方法である。

ただし，１.以外の方法は測定時の船首方向に対する値のみが求まることに注意が必要である。

遠方物標方位法

問題　4　遠方物標方位法について説明せよ。

解答　船上から間違いなく明瞭に見える遠方物標があるときに用いる方法であり，以下の要領で行う。

1　船を極めて遅い速度で一回転させるか，曳船によって一回転させて旋回面を極力小さくする。これは旋回面の直径の両端からみる物標の方位角の差，視差角（Parallax，θ）を小さくするためで，視差角を30′（1／2°）以内にするためには，物標までの距離は旋回面の直径の100倍以上でなければならない。

2　船を徐々に旋回し，船首が磁気コンパスコースの８主要点（０°，45°，90°…）のそれぞれにあるとき，ガウシン差の影響を避けるため約５分間定針した後，その針路に対する物標の磁気コンパス方位を測定する。

3　それぞれの磁気コンパス針路における自差は，

（自差）＝（物標の磁気コンパス方位）－（物標の磁気方位）で求める。

4　求めた自差は表にするか自差曲線を作成し，利用する。

【参考】

1.　物標間での距離が旋回面直径の100倍必要な理由

図において，旋回面の中心Ｏから物標Ｐまでの距離をＤ，視差角をθ，旋回面の半径をＲとすると，

$\sin\theta/2 = R/D$，θが30′（1／2°）の場合には，$\theta/2 = 1/4°$であるから，

$\sin 1/4 = 0.00436$となり，$R/D \fallingdotseq 1/200$つまり，ＲはＤの約1/200以下（直径の100倍以上）でなければならない。

2.　物標の磁気方位を求める方法としては，

①　海図から求める。

②　磁気コンパスの８主要点で測定した物標の磁気コンパス方位の平均値を物標の磁気方位と考える。

③　ジャイロコンパスなどを利用して物標の真方位を測定し，これに偏差を加減して物標の磁気方位を求める。

などの方法がある。

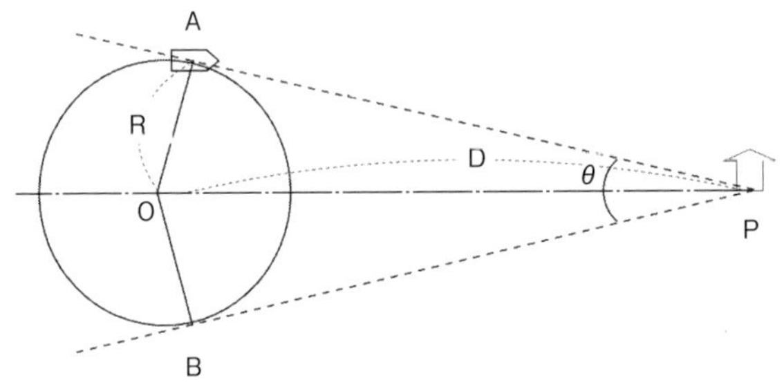

図1.1　遠方物標方位法

自差測定上の注意事項

問題　5　自差測定上の注意事項を述べよ。

解答　***1***　測定は慎重かつ正確に行って，手落ちがあったり，後になって疑問を持ったりすることのないようにすること。そのためには，測定値をつぎつぎに表に記入し，一回の測定の後にはただちに分析してみることにすれば，測定の誤りに気がつくから，その疑わしい針路で再び測定するようにする。

2　船内の鉄器はすべて航海状態のままにしておくこと。

3　鉄類を持ち歩くことを禁止すること。もちろん測定者が鉄類を持っているようなことは絶対にいけないことであるが，よく不注意で忘れることがあるから注意すること。時計等も近づけないこと。

4　特に磁気コンパスの付近に鉄類を置かないこと。自差修正の場合などには，往々にして不必要な余分の修正具がその辺におかれている場合があるから十分注意すること。

5　船体を水平な普通の状態にして行うこと。それを見るには磁気コンパスの水準器が役に立つ。

6　振動を少なくし，かつ旋回面を小さくするために，針路を保持できる程度に速度を落すこと。ただし，波浪などのため針路の保持ができないほどの微速ではいけない。

7　方位鏡または方位環を用いること。ただし，場合によっては方位桿でもよ

い。

8　方位鏡，方位環，コンパスバウルは常に水平になっていること。

9　旋回は左右両側に行って，それぞれの場合の測定値の平均をとるのがよい。

10　ガウシン差を避けるため，ならびにカードの動揺の静まるのを待って針路を保持するために，旋回して針路に入ってから約5分間保持の後に測定すること。もっとも実際の場合には，針路を定めてただちに測定に入っても，測定するまでに5分位は経過するものである。

11　測定値は必ず表に記入しておくこと。自差表には測定年月日，測定場所，測定方法，および測定者の氏名を必ず記入しておくこと。

自差の取扱い

問題 6　自差測定を行った後，それをどのように処理し，利用するか。

解答　***1***　測定後の処理

自差測定の目的は①修正，②修正終了後の残存自差の検出，③自差変動の点検，と表わすことができ，したがって測定後の処理も，その目的によって次のようになる。

1. 修正目的の場合，結果から自差係数を算出する。また記録は保存し後刻変動の点検時参考とするのがよい。
2. 残存自差検出の場合，針路の補正値として用いるので，自差表または自差図表にして船橋に備えておく。
3. 変動点検の場合，変動有無にかかわらず記録に残しておく。

2　自差表および自差図表（自差曲線）

1. 自差表

自差表は磁気コンパス針路と自差の対照表および自差係数の一覧表をいう。

2. 自差図表（自差曲線）

自差係数として処理した場合には，その都度方位改正の計算を行わなければならないが，自差曲

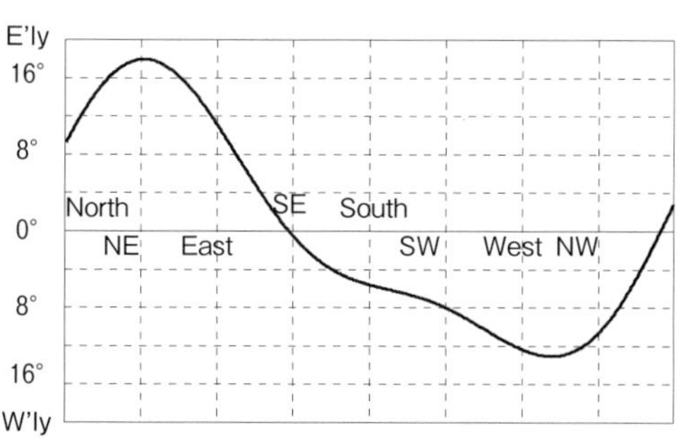

図1.2　自差曲線の例

線として図に書いておくと任意の方位の自差が簡単に得られるので便利である。自差曲線には次のようなものがあるが，直交座標による自差曲線が主に利用される。

① 直交座標による自差曲線
② 斜交座標による自差曲線（ナピアー式自差図表）
③ 円座標による自差図表

表1.2 自差表および自差係数

船首のコンパス方位	自差	船首のコンパス方位	自差
North	+9°	South	−6°
NE	+18°	SW	−9°
East	+10°	West	−13°
SE	−2°	NW	−7°

自差係数	値
A	0.0°
B	11.5°
C	7.5°
D	4.5°
E	1.5°

自差修正の理論・方法

問題 7 自差修正はどのような考え方で行われるか。

解答 修正には次の2つの考え方がある。

1. 船内磁場の方向についていえば，船首方向如何にかかわらず，船内磁場（磁気コンパスの位置における合成磁力）の方向が常に地磁気の水平磁力の方向と一致するように修正する。
2. 船内磁場の大きさについていえば，船首方向如何にかかわらず，船内磁場の大きさが常に一定で地磁気の水平磁力の大きさの何割かになるように修正する。

【参考】 自差修正の方法には自差修正の理論に基づき，次の2つの方法がある。

1. 方位測定により行う自差修正
2. 偏針儀を用いて行う自差修正

自差修正具

問題 8　自差修正具をあげよ。またこの適用を説明せよ。

解答

自差修正具	適用	自差係数
修正用磁石（Correcting magnet） 例：マグネットバー（棒磁石）	船体永久磁気に因るもの ※半円差修正装置に入れる	B_1，C
象限差修正具（Quadrantal corrector） 例：パーマロイ板（軟鉄板）	水平軟鉄の一時磁気に因るもの ※象限差修正装置に入れる	D
垂直軟鉄修正具（Flinder's bar） 例：フリンダースバー（軟鉄棒）	垂直軟鉄の一時磁気に因るもの ※垂直軟鉄修正装置に入れる	B_2

自差の変化

問題 9　自差修正後，自差が変化することのあるのは，どのような理由によるか。

解答　自差修正においてBの分解も含め完全に修正が行われたときは，船内の鉄器や鉄材の配置に変化のない限り，地理上の位置が変わっても理論上自差は生じない。しかし実際は多少の自差の変化が生じるものであり，これらは次の原因によると考えられる。

1.　時日の経過による変化

　時日の経過にしたがって，船体永久磁気，船体軟鉄成分，修正用具の磁性などに変化を生じ，自差が変化する。

2.　船体に衝撃を受けたとき

　衝突，触雷，乗揚げなどによって衝撃を受けたとき船体永久磁気に変化を生じ自差に変化を生じる。

3.　積荷および荷役装置による変化

　鉄鉱石や鉄材など磁気的性質の強い積荷を多量に積載したときは，積載中はもちろん積荷をおろした後も変化が残ることがある。

　また電磁石を用いた荷役装置を使用したときには荷役の後に自差が変化することがある。

4.　落雷を受けたとき

　落雷を受けたときは，船体の磁性が変化し，自差に変化の生じることがある。

5.　地方磁気による変化

付近に強い磁場のある係留地に長く係留したような場合には，船体の磁性に変化を生じ，自差が変化することがある。

このほか，Bの分解が実際には不完全であったため，地理上の位置が変われば自差に変化を生じることがある。

ジャイロの特性

問題 10　ジャイロの特性について述べよ。

解答 ***1***　3軸の自由度を有するジャイロを高速度に回転すれば，他からトルクを与えない限り，そのジャイロ軸は地球の自転に関係なく，空間における一定方向を保持する。この特性を回転惰性という。

2　高速度で回転しているジャイロに，その軸と一致しない方向を軸とするトルクを作用すると，ジャイロ軸は自分のベクトルと作用したトルクのベクトルとの合成方向へ，最も近い道を経て旋回して方向を転じる。この特性をプレセッションという。

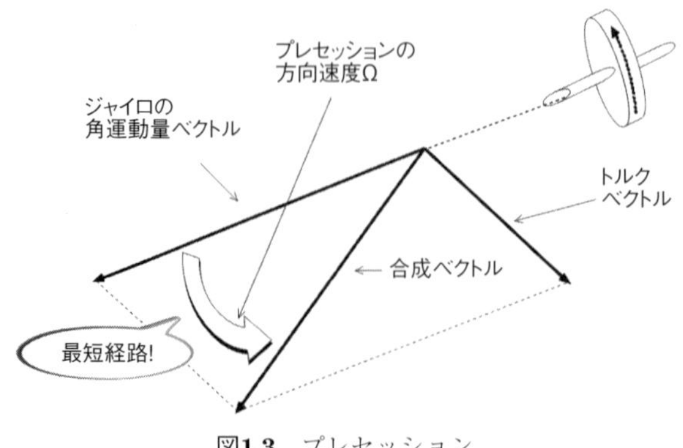

図1.3　プレセッション

〔注〕 ジャイロの回転方向に右ネジをまわしたときに，ネジの進む方向を角運動ベクトルの方向と定める。

問題　11　ジャイロコンパスの指北原理を説明せよ。

解答　日本国内ではスペリー系とアンシューツ系プラート式の２種類が主に使用されているので，この２種について述べる。

1　スペリー系ジャイロコンパスの指北原理（TG-5000以降）

TG-5000型では，ジャイロ球の重心に働くトルクによってジャイロ軸を振揺させ，ピックオフからの電気信号を用いて容器をジャイロ球に追従，振揺させる。

図１．４（a）は容器の内部を東側から見た側面図である。ジャイロ球の内部にはジャイロが一つだけ入っており，これが容器内の液体に浮かんでいて，その上端から懸吊線（けんちょうせん：サスペンションワイヤ）によって吊り下げられている。懸吊線の下端はジャイロ球の重心よりも上の位置でジャイロ球と結合されている。

図で３軸を考えると，ジャイロ軸は回転軸 XX' で北に向かって右回転するが，水平軸 YY'（図では球の中心で紙面に直角な方向）のまわりに傾斜して俯仰角を生じ，垂直軸 ZZ' のまわりに旋回して方位を変える。

図のピックオフは，ジャイロ球の北側と南側に１次コイル，容器の北側と南側に２次コイルがそれぞれ設けられていて，これらは常に相対するように①水平，②方位，③傾斜の３種類の電気信号を検出する。図のようにジャイロ球の指北端側が仰角を生じているとき，ピックオフから検出された水平信号は，図１．４（b）に示すとおり追従増幅器で増幅され，その出力により追従電動機を回転し，容器を水平軸まわりに傾斜させ，ジャイロ球と同じ仰角にする。

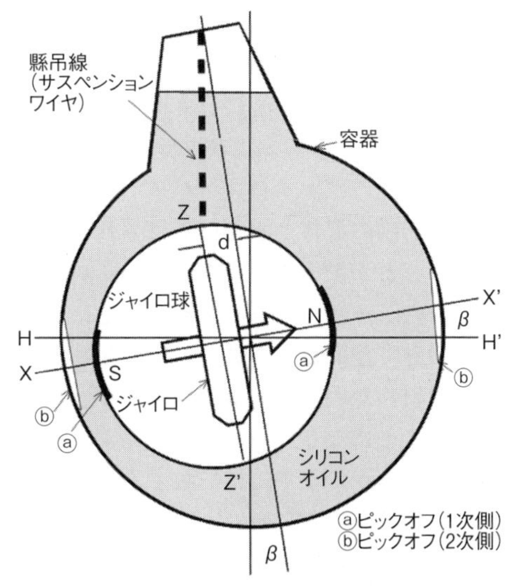

図1.4（a）　TG-5000型側面図

次にジャイロ球がプレセッシ

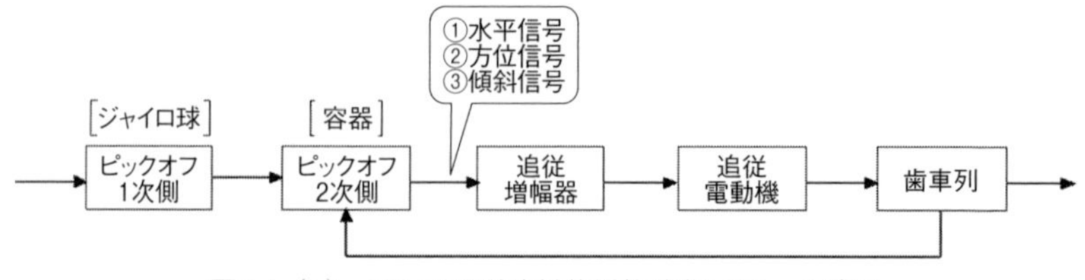

図1.4（b） TG-5000型追従装置簡略化ブロック線図

ョンにより方位を変化したとき，図に示すとおりピックオフからの方位信号は別系統の追従増幅器で増幅され，追従電動機を回転して，容器を動かしジャイロ球と同じ方位を保つ。

仮に，このジャイロの指北端を東方に向け，水平にして起動したとすれば，地盤傾斜の影響によって指北端側は上昇し，図1．4（**a**）に示したのと同じ状態になる。この状態では前に述べたように，重心の方が吊り下げ位置よりも下にあるので，水平軸まわりに右回りのトルクが生じる。このトルクによるベクトルはジャイロの西側（紙背側）に表される。また，このジャイロでは北に向かって右回転になっているので，ジャイロのベクトルは指北端側に表される。したがって，これらのベクトルを合成すれば，指北端が西側つまり左の方向へプレセッションすることがわかる。

さらに指北端が西方に達してからは俯角を生じるが，その場合には上に述べたのと逆に右の方向へプレセッションが生じる。こうして従来型の振揺と同じように北を中心にして振揺が繰り返される。

2　アンシューツ式およびプラート式ジャイロコンパスの指北原理

この式のジャイロコンパスでは，球の内部にジャイロが取り付けられ，球は容器内の液体と水銀に支持されており，ちょうど船の場合のように，浮心と重心とが働くようになっている。（図1．4（**c**）参照）

このジャイロコンパスを赤道上に水平におき，指北端を東方に向け指北端からみて左回転（ベクトルは指北端向き）すると，地球自転による地盤の東方傾斜のため指北端は上昇するが，復原力が働くため北向きのベクトルを生じることになり，これによってジャイロ軸はプレセッションを生じ，北方に向い，やがて子午線に一致する。

このときも***1***で述べたようなジャイロ軸の振揺が生じるが，制振油器によって振揺を止め，指北端を北に収斂させている。

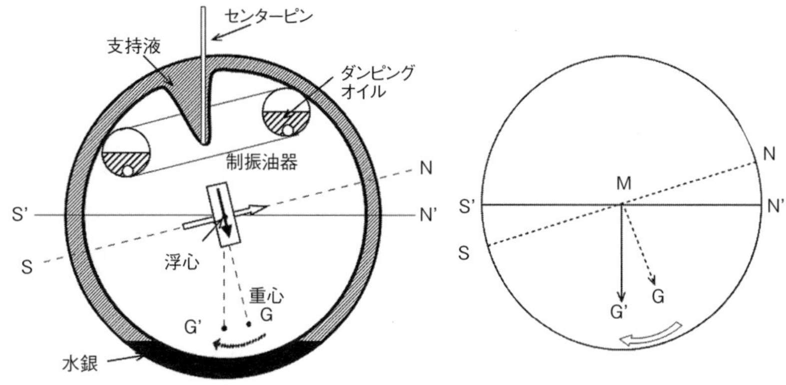

図1.4（c）　指北原理（アンシューツ系CMZ-300）

〔注〕　いずれの場合も指北端が真子午線と一致した状態を続けて，コンパスとして利用できることは，地球自転による地盤の旋回（北半球では反時計まわり，南半球では時計まわり）と同じ速度で，ジャイロ軸のプレセッションを継続していることであり，これをジャイロ軸の見かけの静止点という。

速　度　誤　差

問題　12　速度誤差を説明せよ。

解答　船が地球表面上を航海するときは，地球の中心のまわりに回転運動をすることになるから，船内にあるジャイロコンパスは当然その影響を受ける。ジャイロ軸の方向の変化については，地球自転とともに船の針路および速力も考えなければならない。

船が東西針路上を航海するときは，地球自転の角速度を増すか，あるいは減少するかであるが，その影響するところは小さいから無視することができる。

次に船が南北針路上を航海するときは，東西軸のまわりの角速度となり，地球自転の角速度のベクトル的に加減され，それによって決定されるベクトルの方向が子午線となす角が誤差であり，これを速度誤差という。この誤差は北方針路において西偏し，南方針路において東偏する。

また，船が任意の針路上を航海するときは，その速力を東西方向成分と，南北方向成分に分けて考え，南北方向成分に対する誤差をみればよいことになる。

以上の結果を総合してみると，速度誤差の形式は自差係数－Cと同様な半円差になる。

なお，速度誤差は次の式で求めることができる。

1. 南北針路の場合
   $\tan\delta = V/R \quad /\omega\cos(\mathrm{lat}) = V/R\omega\cos(\mathrm{lat})$
2. 任意の針路の場合
   $\tan\delta = V\cos(Co)/R \quad /\omega\cos(\mathrm{lat})$
   $= V\cos(Co)/R\omega\cos(\mathrm{lat})$

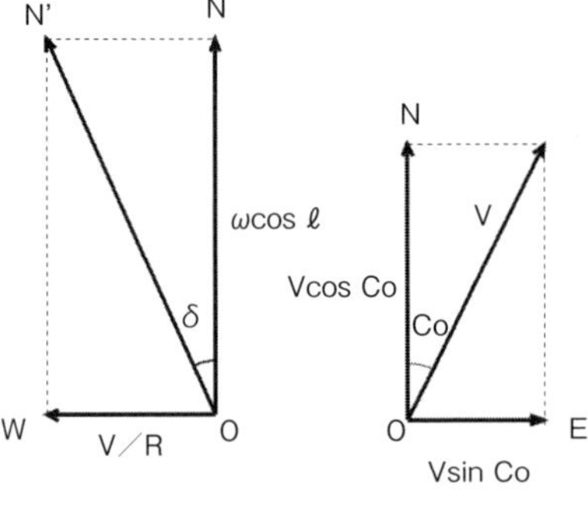

図1.5　速度誤差

ただし，δ：速度誤差量，Co：船の針路，V：船の速力，R：地球の半径，lat：緯度

また，任意の針路の場合船の速力Vに対する東西方向の成分は微小であるから無視した。速度誤差の修正法としては，スペリー系においては別に設けられた伝動装置内の速度誤差修正装置によって修正し，レピータコンパスにおいて真方位を指示させている。

アンシューツ系においては，速度誤差修正表の数値だけコンパスカードを偏心させる方法で修正し，スペリー系と同様にレピータコンパスにおいて真方位を指示させている。

変速度誤差

問題 13　変速度誤差を説明せよ。

解答　船が針路または速力を変えたときは，前述の速度誤差を増減すると同時に，ジャイロの主動部は変針・変速のために生じる加速度を感じ，その南北分力のために水平軸のまわりにトルクを生じ，ジャイロに一時的プレセッションを生じてその軸を振揺させる。

しかしながら，やがて制振装置のために軸の振揺は漸次減少し，ついに新速度誤差を含む新静止点に静止することになるが，静止までに約3時間を要し，不定の誤差を誘引する。これを変速度誤差という。

変速度誤差の形式は自差係数Cと同様な半円差になる。

変速度誤差の修正法としては，特に装置はない。

動揺誤差

問題 14 動揺誤差を説明せよ。

解答 ***1*** 加速度による誤差

船が南北針路または東西針路のときに，ローリングによってジャイロコンパスが単振子のように振揺するとすれば，その振揺方向は東西方向か，または南北方向である。つまり，ジャイロ軸と直角か同一方向かである。そのため，南北水銀つぼの水銀は加速度を受けても全然流れないか，または流動しても互いに相殺され，水平軸のまわりにトルクが残って誤差を生じるようなことはない。

しかしながら，四方点以外の任意の針路にあるときは，ジャイロコンパスの振揺に伴う加速度が南北方向の分加速度を生じ，水銀はそれを受けて分加速度の方向とは逆に南北へ交互に流れる。そして，そのつど偏心接触点に相反するトルクが加えられる。

このトルクは水平軸と垂直軸とのまわりに同時に作用するが，水平軸のまわりに作用するものは互いに相殺されてしまうのに反し，垂直軸のまわりのものは互いに累積されて，その時の針路の象限によって指北端を上昇させたり，下降させたりする。

したがって，水銀は南側に多く流動したり，北側に多く集まったりして，各象限ごとに偏東または偏西誤差を生じる。

この加速度誤差は象限差で，ローリングの場合は自差係数＋D，ピッチングの場合は－D に等しい形式となる。

スペリー系では，この誤差を粘性の高い液体を用いることで防止している。

2 遠心力による誤差

スペリー系ジャイロコンパスの主動部は南北方向にへん平で，東西方向に質量の分布が多い。つまり，南北軸に対しては慣性能率が大きく，水平軸に対しては慣性能率が小さいから，弧状運動中，南北および東西針路以外のときには遠心力誤差を生じる。

いま，任意の針路において，船が動揺中ジャイロコンパスの主動部が，振子のように弧状運動をさせられると，遠心力のため最大慣性能率軸が振揺軸に一致しようとするトルクを生じる。つまり，ジャイロ軸がローリングの軸

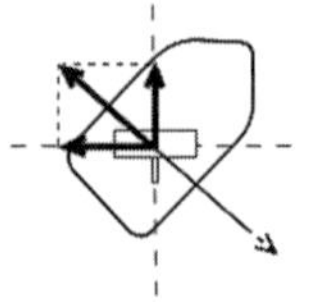

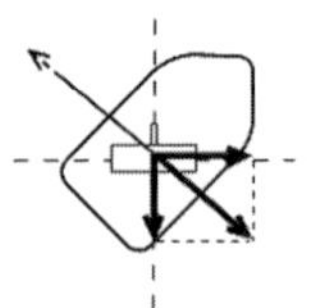

(a)　加速度による誤差

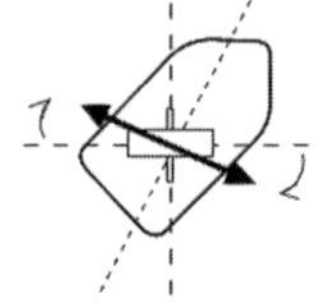

(b)　遠心力による誤差

図1.6　動揺誤差

である船首尾軸と一致しようとするトルク垂直軸のまわりに生じる。

そのため，その時の針路の象限によって，指北端が上昇したり，下降したりする。したがって，水銀は南側に多く流動したり，北側に多く集まったりして，各象限ごとに偏東または偏西誤差を生じる。

この遠心力誤差は象限差であって，ローリングの場合は自差係数－D，ピッチングの場合は＋Dに等しい形式となる。

遠心力誤差の防止法は，南北軸に対する慣性能率と水平軸に対する慣性能率とを同じにすればよいことになる。それで，垂直環の上部からジャイロケースの南北両外側の中心部までフレームを出して調整錘を取り付けている。

スペリー系では，振子運動をしない構造となっているので，この誤差は防止される。

なお，アンシューツ系ジャイロコンパスにおいて，ジャイロ部は容器内の液体と水銀に支持されて，内部のジャイロ2個によってジャイロスタビライザの作用をするため安定に保たれ，かつ，水平各軸方向に対する慣性能率の差を少なくしてあるから，スペリー系ほど動揺誤差は問題にならない。

旋回誤差

問題　15　旋回誤差を説明せよ。

解答　船の旋回に際して，垂直軸のまわりの自由度が十分でないときは，同軸のまわりにトルクを生じ，ジャイロ軸を傾斜し，プレセッションを起こして誤差を生じる。これを旋回誤差または摩擦誤差という。

スペリー系においては，主動部に対する上下の各支点の摩擦，懸垂鋼線（suspension wire）のよじれなどがこの誤差を生じる。

アンシューツ系においては，ジャイロ球とその周囲の液体とはほとんど摩擦がないから，この誤差は無視してもよい。

当直中の注意事項

問題　16　ジャイロコンパスに対する当直中の注意事項を述べよ。

解答　***1***　始動間もないときはたびたびジャイロエラーをチェックし，静定していることを確認する。

2　日出没時などの機会をのがさず，ジャイロエラーを検出する。

3　ときどき磁気コンパスの指度と比較すること。

4　2，3についてはその結果をコンパス日誌に記入しておくこと。

5　レピータコンパスの作動は円滑で追従感度は良好であること。

6　異常が生じたときは担当者に知らせる。

保存点検

問題　17　ジャイロコンパスの保存点検を説明せよ。

解答　各社の取扱説明書によると次のように述べられている。

1　プラートジャイロコンパス（CMZ-700型）の場合

1.〈日常点検〉

①　転輪球駆動電流：0.2～0.35Aであることを確認する。1回/月

②　レピータコンパスの同指：マスターとレピータの示度を確認する。1回/出港

③　船速値・緯度値：船速および緯度に値を確認する。1回/日

④　誤差：天測等により誤差がないことを確認する。1回/日

2.〈定期点検〉

①　転輪球：水銀つぼの清掃，下部電極の清掃，追従電極の清掃。

②　コンテナ：内面清掃，センターピンの清掃，下部電極の清掃，追従電極の清掃

③　指示液，水銀，絶縁液：交換

2　スペリージャイロコンパス（TG-5000型）の場合

1.〈1日1回点検〉

①　マスターとレピータの同調

② 緯度確認
③ 天測等による誤差確認
④ 電源電圧
⑤ ランプおよびブザーテスト

2. 〈半年あるいは1年1回点検〉
① ネジ緩み（機構部締結ネジ，端子板接続ネジ）
② ケーブル類接続状態
③ スイッチ類の動き，LED 等の表示状態
④ 警告ラベル等汚損状態
⑤ 制御用電源電圧
⑥ 真方位誤差

ジャイロコンパスの警報

問題 18 ジャイロコンパスを運転中，警報が鳴るのはどのような場合か。

解答 ***1*** スペリー系の場合には電源に異常のあるとき。

2 プラート式の場合には支持液の温度が75℃以上に上昇したとき，またはジャイロ駆動用3相電源の中の1相（または第1相）が断線または0.4アンペア以下になったとき，警報が鳴る。

ジャイロコンパスの方位信号

問題 19 ジャイロコンパスと他の計器間で情報の入力に利用されるシリアル信号（デジタルデータ）について次の問に答えよ。
(1) 入出力される情報（データ）の項目をあげよ。
(2) シリアル信号（デジタルデータ）を用いる利点をあげよ。

解答 (1) 航海計器間でやりとりされるシリアル信号は **NMEA**（エヌメア，National Marine Electronics Association の略，米国海洋電子機器協会）と呼ばれる組織が定めた規格で，航海に使うジャイロコンパスやロラン，オートパイロット，**GPS** 等の装置間でやり取りされる情報の仕様，通信手順（プロトコル）を決めている。

規格の一つである **NMEA**0183には，緯度経度，日時，方位，速度，衛星状態などのデータが含まれている。

⑵　ジャイロコンパスの信号などは大きな雑音を含んでいることがあり，誤差につながるが，デジタルデータであればこの誤差は防ぐことができる。

また，信号形式が統一されているので，メーカや機種に依存せずに情報共有が可能となる。

自動操舵装置の原理

問題 20　自動操舵装置の原理を述べよ。

解答　自動操舵装置の発想は，直進時に人間にとって代って機器に操舵をさせようとするものである。人間が操舵しているときには，図1．7のように行っている。

つまり，命令された針路を頭で記憶し，現在の針路を目で読み，頭でこれらの針路を比較し，どのような操舵をすべきか判断し，その結果に基づいて手で操舵する。

したがって頭，手，目の働きを何らかの方法で機器にとって代らせればよ

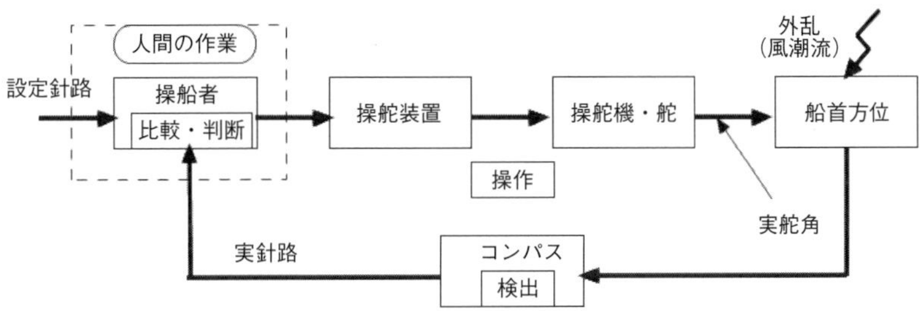

⒜手動操舵システムのブロック線図

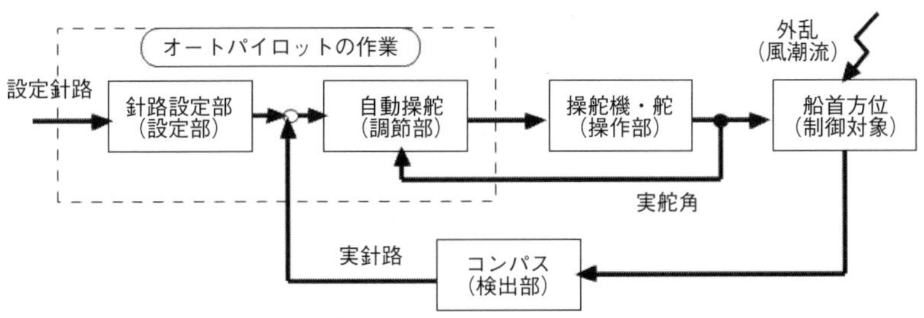

⒝自動操舵システムのブロック線図

図1.7　操舵システム系統図

いことになる。

また，操舵の内容について言えば，命令針路からのずれ（偏角，θ）に比例した舵だけでは不十分であり，回頭角速度（$d\theta/dt$）に比例した舵を当て舵として加える。

そこで，舵角 μ は $\mu = -(\mathrm{N}\theta + \mathrm{R}d\theta/dt)$ となる。ここでN，Rは比例定数である。

制御方式1（**HCS** と **TCS**）

問題 **21**　操舵制御装置におけるヘディングコントロールシステム（Heading Control System）とトラックコントロールシステム（Track Control System）はどのようなシステムか。それぞれの概要を述べよ。

解答 HCSは船首方位を目的の方位（針路）に保つ制御方法で，コンパス（ジャイロ，磁気または衛星）の方位信号を用い，船首を設定した方位に向ける方法。

TCSは船位を目的の針路に保つ制御方式で，GPSやLORAN-Cなど測位装置と組み合わせることで計画針路上に船位を乗せる制御方法。

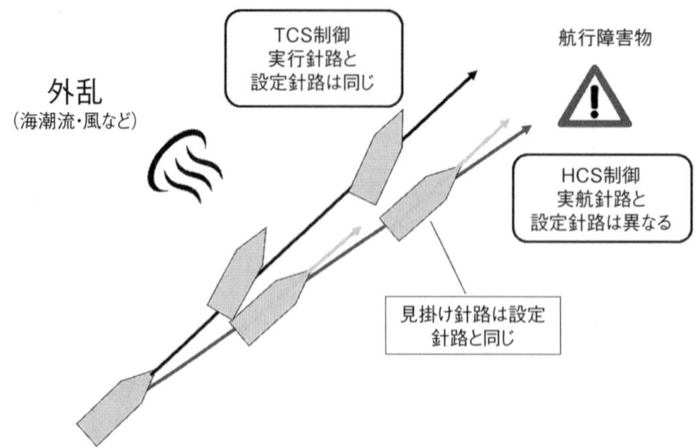

図1.8　自動操舵装置の制御方式（イメージ）

制御動作

問題 22　自動操舵制御装置における船首方位制御方式における比例動作（戻し舵）および微分動作（当て舵の制御）について説明せよ。また積分動作（制御）はどのようなことを修正するのに利用されるか。

解答　比例動作とは入力の大きさに比例した出力を出すことで，自動操舵装置では偏角（設定針路と現針路の差）に比例した戻し舵を取ること。簡単に言えば大きなずれに対して大きな角度の舵を取って設定針路に向けること。

微分動作は入力の変化に比例した出力を出すことで，回頭角速度に比例した当て舵を取ること。簡単に言えば速く回頭しているときは大きな当て舵で回頭を止めること。

積分動作は蓄積して生じた誤差(オフセット)を取り除くために利用される。

自動操舵装置の制御

問題 23　操舵制御装置に関する次の問いに答えよ。

(1)　天候調整における二重ゲイン（Dual Gain）の機能について述べよ。

(2)　適応制御（Adaptive control）の機能を用いた自動操舵の特徴について述べよ。

解答　(1)　比較的小さいヨーイングに対して，設定針路に戻そうとする操舵を行うと，舵の抵抗増加やプロペラ回転数に与える影響などで，速力低下が生じる。このような損失を防ぐ目的で，偏角が小さいときはゲインを小さくしておき，大きな偏角になった場合にはゲインを大きくして，省エネや舵機への負担を軽減している。

(2)　①　外乱（風や波）が作用しても，従前の天候調整のように蛇行運動を誘発することがない。

②　載荷状態や速力が変化して，自船の操縦性が変化しても各種のゲインが自動で変化し，最適の状態を得られるようになっている。

③　外洋の自動操舵では常に小舵角の操舵を行うので，省エネにつながる。

④　自動変針時に旋回角速度を一定にして回頭できるので，安全運航が期待できる。

自動操舵装置の調整装置

問題 24 自動操舵装置の調整にはどのようなものがあるか。

解答 通常，次の3つの調整器がある。

1. 舵角調整：偏角に対する比例定数を定めるもので，船により，また同一の船でも速力，吃水，トリムなどにより変化する。
2. 当て舵調整：回頭角速度に対する比例定数を定めるもので，やはり船により，また同一の船でも速力，吃水，トリムなどにより異なる。
3. 天候調整：ヨーイング時の針路の振れに対しては操舵をさせると，かえって元の針路から外れたり，操舵機等に過負荷になったりするので，ヨーイングの幅に応じてあそび（不感帯）を設けて操舵を行わせないようにする。天候調整ではこの不感帯の幅を設定する。

調整の適否

問題 25 自動操舵装置の各調整が適正であるかどうかの判定法を述べよ。

解答 コースレコーダの記録や航跡などを参考にして，最も直線コースに近くなるように調整すればよい。調整は各機器により多少異なるが，一般に，

1 天候調整は天候状態のみによって定めるものであるから，海上平穏なときには0，海面状態によってヨーイング振幅を観測してこれを消去する幅だけ調整すればよい。

2 偏角に対する舵角は積荷が多い場合には大きい方に合わせる方がよい。

3 当て舵を決めるのは通常は中央値ぐらいでよいが荒天の場合は小さい方がよい。

コースレコーダ取扱い上の注意

問題 26 コースレコーダ取扱い上の注意事項を述べよ。

解答 1. マスターコンパスと指度を合わせる。

2. 記録紙の時刻と船内時計の時刻を整合する。
3. インク式の場合，インクは備え付けの物を使用し，適当に補填する。インクがカートリッジ式の場合，交換要領を理解して実施する。
4. 記録紙の残量をチェックし，適当な時機に補充することも忘れない。

5.　記録ペンが複数存在するタイプでは，横一列に並んだ記録ペン同士がぶつからないように記録時機の位相をずらしているため，リアルタイムでの表示になっていない場合があることを理解しておく。

6.　必要であれば航行海域，天候状態などを記録紙にメモしておく。

方位鏡の使用法

問題　27　方位鏡（アジマスミラー）の使用法を述べよ。

解答　***1***　第1法（アローアップ法，Arrow up）

図1．9（a）に示すように，物標をプリズムによって反射させてその像と指針とシャドウピンが一直線上にあるように方位鏡を旋回させ，これらが一致したときのカードの目盛を指針によって読む。

比較的高度の高い天体などの方位を測定する場合に用いる。

2　第2法（アローダウン法，Arrow down）

図1．9（b）に示すように，目盛および指針はプリズムによって反射させる。

そして物標，シャドウピンおよび指針が一致したときのカードの目盛を指針によって読む。

この場合，コンパスカードの数字が，上下逆に見えるので，読み間違いに注意を要する。

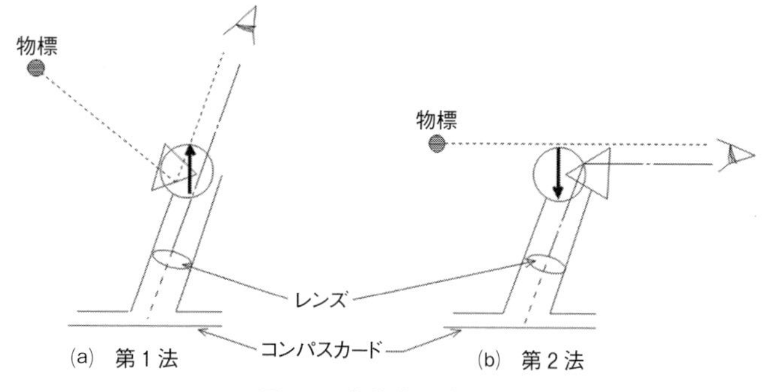

図1.9　方位鏡の使用法

方位鏡の使用上の注意事項

問題 28 方位鏡使用上の注意事項を述べよ。

解答 方位鏡の使用上注意しなければならない事項は次のとおりである。

1 方位鏡で方位を測定するときは，必ず水準器を使用して，コンパスバウルを水平に保つように注意しなければならない。

2 方位鏡で方位を測定するときは，正しく物標に向けて，物標またはその映像，指針またはその映像およびシャドウピンを同一垂直面上において測定する。

3 像はプリズムの視野の中央におく。

4 第1法を使用するとき，特に2項に注意しないと，高度が38度を超える物標の場合には誤差が急増する。

磁 歪 現 象

問題 29 磁歪現象を説明せよ。

解答 鉄，ニッケル，コバルトまたはこれらの合金に磁場の変化を与える歪が生じ，鉄は伸びニッケルは縮む。この歪とともに超音波を発生する。

また反対に，ある磁場の中でこれらの金属に外部から歪を与えると磁化状態が変化する。この現象を磁歪現象という。

音響測深機の原理

問題 30 音響測深機の測深原理を述べよ。

解答 音波の直進性，等速性，反射性および指向性を利用し，船底に装備した送波器から海底に向って発射された超音波パルスが海底で反射されて，受波器に入るまでに要した時間を測ることによって船底から海底までの深さが判る。さらに喫水を考慮することにより水深が求まることになる。

なお，音波の水中における伝搬速度は，厳密には塩分濃度，温度，深度などにより異なるが，約1500m/sec と考えて差支えないものとしている。

船底と海底間の距離(Ds)メートル＝1500×t/2
ただし，t：超音波がDsを往復するのに要した時間（秒）
水深（Dw）メートル＝(1500×t/2)＋d
ただし，d：船の喫水（メートル）

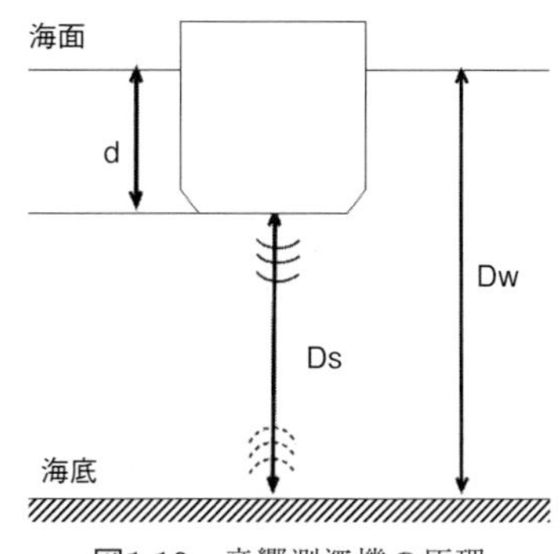

図1.10　音響測深機の原理

音響測深機の記録の不調

問題 31　音響測深機の記録紙上における記録が良好でないときはどんなときか。またその対策（調整）はどうするか。

解答 ***1***　記録面が黒く汚れるときは電流が常に流れている証拠であって，

1. 一様に黒く汚れるときは，押しボタン回路，分時マーク回路の短絡を検査する。
2. 波形を表わして汚れるときは，増幅器の出力がたえずある状態なので，増幅器が自己発振を起こしているか（電路の不良，接地不良，トランジスタ不良）雑音を増幅しているとき（感度の上げ過ぎのとき）であり，各部を点検する。

2　記録が薄いときは次の原因によるから，それぞれについて点検，処置する。

1. 発振，受信線共に薄いとき
   ①　記録紙の乾燥
   ②　記録ペンの圧力小，記録ペン走行部の紙の残りかす
   ③　トランジスタ不良
   ④　発振器不良
2. 受信線のみ薄いとき
   ①　感度調整不良，同調調整不良の場合
   ②　底質が軟泥など柔らかいとき
   ③　トリムが大きいとき
   ④　載荷量が少なくて（20％以下）航走中船底に気泡が入りやすいとき

⑤ 増幅器不良

⑥ 送受波器の水槽内に空気が混入したとき，水が少なくなりこれが動いて泡となったとき（満水する）

⑦ 反射傘の破損

⑧ 岸近くで水深が浅く発振線と重なって見えなくなったとき，航海中ではこれが最も危険だから浅い所では適当に感度を下げて使用する。

3 発振，受信線が現われないときは

1. 上記の故障が一層強くなったとき
2. 記録ペンが接触しないとき
3. 記録ペンに電流が流れないとき
4. 送受波器部の接触不良，断線

電磁ログの原理

問題 32 電磁ログの原理を述べよ。

解答 磁界の中で導体を動かしたとき誘導起電力を生じることは，アンペールの電磁誘導の法則として，そのときの運動方向，磁界，電流の関係はフレミングの法則としてよく知られている。

電磁ログはこれら法則を利用して，船底に突出させた受感部から発生する磁界の方向と，船の進行にともなう導体としての海水に生じる誘導起電力の方向が直角関係で鎖交するように設けた受感部の電極から取り入れる誘導起電力は

$$E = d \cdot B \cdot V \times 10^{-8} \text{ (volt)}$$

で表わされる。ここで，E は誘導起電力，d は電極間距離（cm），B は磁束密度（ガウス），V は船速（m/sec）である。したがって，海水の電気的性質や温度に影響されず，精度の高い船速を求めることができる。

電磁ログの調整

問題 33 電磁ログの調整にはどのようなものがあるか。

解答 1. ゼロ点調整：速力がゼロのときでも海水中にログの電源と同一周波数の電圧が存在したり，増幅器と速力航程発信器の配線に誘導によって電圧を生じたりした場合には，速力指示はゼロにならない。前者の原因に

よる一定速力誤差に対しては増幅器内に，後者の原因による一定速力誤差に対しては速力航程発信器内にゼロ点調整を設ける。

2.　感度差調整：測定桿の受感部は製品により感度差があり，これを一定に調整して速力追従をさせる必要がある。この調整を感度差調整といい，増幅器内に設けられているが，最近では製品として均一の受感部を作成できるように改善されているのでこの調整は省略される。

3.　傾度調整：速力に比例する速力指示誤差を調整する。

4.　中間誤差調整：受感部に対する海水の速力は必ずしも船の対水速力に比例しない。この不均等な速力指示誤差を調整する。

傾度調整，中間誤差調整とも速力航程発信器の中にあり，標柱間航走によって調整する。

ドプラー現象

問題　34　ドプラー現象を説明せよ。

解答　日頃よく経験することであるが，例えば救急車がサイレンを鳴らしながら目前を通過するとき，近づくときには音色は高く，遠ざかるときには低く聞こえる。このように音源と受信者の相対距離が変化しつつあるとき，互いに近づくときには周波数は高く，互いに遠ざかるときには低く受信される現象をドプラー現象といい，その偏位量（ドプラー偏位量）Δfは，

$$\Delta f = f_0 / C \cdot d\rho / dt$$

で表わされる。ただし，f_0は発信周波数，Cは海水中の超音波の速度，$d\rho / dt$は音源と受信者の間の距離の時間変化率である。

ドプラーソナーの特徴

問題　35　ドプラーソナーの特徴を述べよ。

解答　1.　水深が約150～200mより浅い水域では対地速力が求まる。

2.　水深がそれ以上の水域において対水速力が求まる。

3.　精度がよく，公称で0.02ノット，1 cm/sec　である。

4.　前進・後進はもちろん，船首部・船尾部の横方向の動きもわかる。

5.　一般に信頼性が高く，保守・取扱いが容易である。

6.　利用範囲が広い。

※1～3. は前後進の移動のみ測定可能なドプラーログにも当てはまる。

ドプラーソナーの原理

問題 36　ドプラーソナーの原理を説明せよ。

解答　ドプラーソナーの場合，前後方向の速力についていえば，図1.11(a)のように，船底から斜め前方および斜め後方に超音波ビームを発射するから，船が前進しているときは前方の反射波 $\mathbf{f}_1$ は発信周波数 $\mathbf{f}_0$ より高く，後方からの反射波 $\mathbf{f}_2$ は $\mathbf{f}_0$ より低い。

水平からの発射角を θ，船の速力を V とすると，送波器と海底との相対速力は $V\cos\theta$ となる。

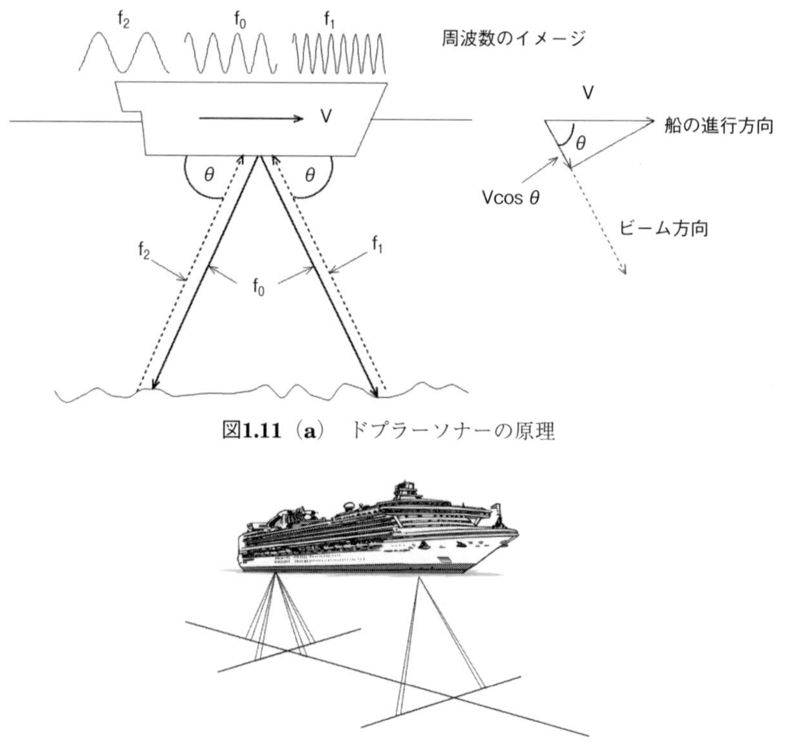

図1.11 (a)　ドプラーソナーの原理

図1.11 (b)　超音波ビームの発射方向

また送波器と同じ位置にある受波器で反射波を受信するときには，ドプラー現象は2度繰り返されるから，ドプラー偏位量 Δf_d は，

$$\Delta f_d = 2 \times f_0 \cdot V\cos\theta / c$$

となり，

$$f_1 = f_0 + \Delta f_d,\ f_2 = f_0 - \Delta f_d$$

であるから，

$$f_1 - f_2 = 4 \times f_0 \cdot V\cos\theta / c$$

となる。したがって，$f_1 - f_2$ を測定することにより，V が求められることになる。

さらにその符号によって前後進の判定も可能となる。

実際には船首部および船尾部の左右方向の動きも知るために，図1．11(b)に示すように，船首部および船尾部では，それぞれ左右方向にも超音波ビームを発射する。

また，最近では船首部では船首方向に1本と左右それぞれ120°方向に計3本のビームで済ませる考え方や小さな振動子も寄せ集め，少しの時間差を持たせて発射し，全体のビームを必要な方向へ発射させるタイプもある。

ドプラーソナーの使用周波数

問題　37　ドプラーソナーで用いられる超音波の周波数は，およそどのくらいか。

解答　海水中での超音波の伝わり方は，いろいろな条件で異なるが，周波数について言えば一般に低い周波数ほど減衰が少ないので有利である。ビーム幅は通常4～6度であるが，同じビーム幅を得るためには周波数の高い方が振動子の寸法は小さくてすむ（通常は電歪式振動子を用いる）。これらのことからドプラーソナーでは通常200～600kHz が採用されている。なお対地速力の得られる限界は，種々な条件によって異なるが，ほぼ600kHz で約30m，450kHz で約150m，300kHz で約200m といわれている。

ドプラーソナーの精度諸因

問題　38　ドプラーソナーの精度に影響を与える諸因をあげ説明せよ。

解答　一般に精度は良く，特に対地速力表示では0.02ノット（0.01m/sec）

の精度を有するといわれるが，この精度は次の諸因に影響される。

1 海水の温度，塩分，圧力

これらによって超音波の水中伝搬速力が変化するために誤差を生じる。

温度については，振動子近くの音速でドプラー偏位量が決まるため，振動子の近くに温度検出器を設けて自動的に温度を検出し，演算部で自動的に補正するのが通常である。

塩分については，各海域でほぼ一定値であるので，海域別の塩分表を用意し，手動で補正するのが通常である。機器によっては自動的に補正できるものもある。圧力については無視できるほど小さいので特別な対策はとられない。

2 海底の状況

海底が激しく変化していたり，傾斜していたりすると誤差を生じる原因となる。この場合，瞬間的にはかなりの誤差を生じることもあるが，一般に対地速力を測定する水深150～200m の大陸棚の海域では，海底も比較的平らで，しかもある時間の平均値をとるとほとんど誤差がないものとされる。

3 船体の傾斜

船体が傾斜すると振動子から発射される超音波ビームの方向が変化し誤差を生じる。一般に２～３度のトリムやヒールが生じても問題はないが，それ以上になると注意が必要である。機器によっては，ある範囲内のトリムやヒールに対して自動的に補正できるようになっているものもある。

動揺についても同じ理由で誤差を生じるが，一般にある時間の平均値が表示されるために，その影響はかなり小さい。

4 振動子の取り付け

振動子の取り付けが正確でないために誤差を生じることがある。

5 海水中の気泡，浮遊物の影響

海水中の気泡や浮遊物からの反射雑音のため，反射信号が得られなかったり，測定に影響を受けたりすることがある。

6 その他機器の回路などによって多少原因となるものが考えられるが，通常は無視できる程度である。

対地速力と対水速力

問題　39　ドプラーソナーでは対地速力のほかに対水速力が得られるが，どのようにしてこれらの速力を得ることができるのか。また，その判定上注意を要することは何か。

解答　ドプラーソナーでは，ある一定の水深より深い海域では，海底から有効な反射波が得られないため対地速力は得られない。

この場合でも海水中には気泡とか密度や温度の異なる水塊の境界などから反射波が得られるので，これを利用して対水速力を算出することができる。対地反射波は一般に明瞭な端があり，対水反射波にはそれがないから，反射波の形から演算部で自動的に対地対水の判別も可能となる。

しかし，送受波器の近くや浅い海水中に多くの気泡があるときには，意外に浅い海域であっても対地速力は得られず，対水速力が表示されることがあるので注意する必要がある。

六分儀の修正可能な誤差

問題　40　六分儀の修正可能な誤差の大略を説明せよ。

解答　***1***　垂直差（Error of perpendicularity）

動鏡が器面に垂直でないために生じる誤差を垂直差という。

これを検出するには指標桿を弧のほぼ中央に固定して動鏡の一方を眼に近くして儀を水平上向きに保持して，動鏡を斜めに見たとき，動鏡に映った弧と真の弧とが滑らかにつながって見えるとき，誤差はない。

もし，映像の弧が真の弧より低く見えるとき，動鏡は後方に傾き，反対に高く見えるとき，前方に傾いているから，動鏡の裏面にある修正ねじで映像の弧と真の弧とが滑らかに連続するように修正する。

2　サイドエラー（Side error）

水平鏡が器面に垂直でないために生じる誤差をサイドエラーという。

この検出は1の修正終了後に行うが，次の2つの方法がある。

1.　水平線による方法（略法）

儀を垂直に持ち，水平線をのぞいて真の水平線とその映像とが一直線になるようにマイクロメータのついている正切ねじをまわして，儀を徐々に左右いずれかに傾けて水平の位置にしてもなお両者が一直線上にあれば誤差はない。

もし儀を右に傾けた場合に映像が真の水平線より低く見えるならば水平鏡は前方に傾き，反対に高く見えるときは後方へ傾いているので，水平鏡の裏側の修正ねじで両方が一直線になるまで修正する。

2. 太陽または星による方法（精密法）

望遠鏡を装備して六分儀を垂直に持ち，指標桿を0°付近において太陽または星（あるいは地上の明確な物標でもよい）をのぞいて，指標桿を徐々に前後に移動させるとき，映像が真像に正しく重なって通過すれば誤差はない。

もし映像が真像の右方を通過すれば水平鏡は前方に傾いており，左方を通過すれば後方に傾いているので，映像が真像に正しく重なって通過するようになるまで修正ねじで修正する。

3 器差（Index error）

指標桿が0° 0′のとき，動鏡と水平鏡は平行でなければならない。

これらが平行でないために生じる誤差が器差である。

これを検出するには指標桿を0° 0′付近に合わせて六分儀を垂直に保持し，視線を太陽，星または水平線に向けて真像と映像が正しく合致して見えるとき，誤差はない。

もし合致しないときは水平鏡裏側の修正ねじによって修正するが，この誤差がかなり大きいとき以外はサイドエラーの修正を乱すおそれがあるから，修正を行わず，測角の都度測高度に加減する。

1. 水平線による方法（略法）

指標桿を0°付近に固定し，儀を垂直に保持し，水平線をのぞき，その真像と映像とが正しく一直線にあるようにする。このとき指標桿の0°が弧目盛の0°と合致していれば本誤差はない。合致しないときはそのときの読取値が本誤差であり，指標桿の0°が本弧上にあるときには測定角度から減じ（器差負または−）余弧上にあるときは測定角度に加える（器差正または+）となる。

2. 太陽による方法（精密法）

望遠鏡に暗鏡を装着し，儀を水平に保持して指標桿の指標を本弧上0° 30′付近に固定し，正切ねじにより，太陽の真像と映像を精密に接触させて，太陽の水平直径を測り，その読取値を記録する。次に指標桿の指標を余弧上0° 30′付近に固定し，さきほどと同様に真映両像を接触させて読取値を記録する。両読取値の差の１／２は求める器差である。本弧上の読取値が余弧上の読取値より大きいときは，器差が負（－），小さいときは正（＋）である。

また，測定誤差が正しいか否かを検査するには，両読取値の和の１／４を求めて，当日の天測暦によって求めた太陽の視半径と比較すればよい。

〔注〕 海上保安庁が刊行する「天測歴」及び「天測計算表」は，令和４年（2022）版を最後に廃版となっている。

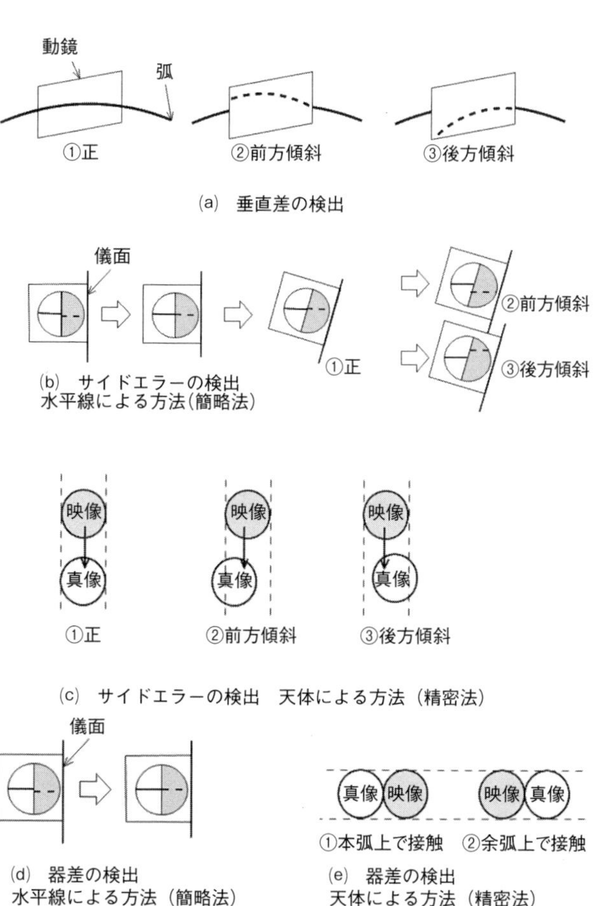

図1.12　六分儀の修正可能な誤差

天体観測上の注意事項

問題 41 六分儀による天体観測上の注意事項について述べよ。

解答 ***1*** 使用に際してはその都度，望遠鏡の接眼レンズによってピントを正しく調整し，器差をチェックすること。

2 物体の像を望遠鏡の視野の中央に保って測定すること。

3 天体の高度測定の場合には，垂直面内で測定すること。

4 高度が90° 近い天体を測定するときには推測緯度と天体赤緯から概略の方位を算出して，ねらう方向を定めるとよい。

5 シェードグラスはなるべく濃いものを使用し，像をできる限り薄くして測定する。薄いシェードグラスを用いると眼を痛めるだけでなく，眩しさのため辺の接触が不明瞭となる。

6 その他眼高は高いほど水平線は一直線となり誤差が少ないが，霧の場合には眼高を低くすると水平線がわかりやすいことがある。

第2章　電波航法

無線標識局利用上の注意

問題　1　マイクロ波無線標識局を利用する際の注意を述べよ。

解答　マイクロ波無線標識局（レーダビーコン）利用上の注意として

1　ビーコン信号（破線）はレーダ空中線の回転ごとに現れないので，数回転する間，映像を注意して見る必要がある。

2　当該標識局に接近して航行する場合には広角度にわたって破線が現れることがある。

3　当該標識局に向かう場合には，ヘディングマーカーと重なり破線が見にくいことがある。

4　有効範囲はレーダビーコンで約7～9海里（灯浮標に設置のものは約5海里）である。

レーダの原理

問題　2　レーダの原理を述べよ。

解答　電波の性質は周波数によって異なるが，船舶用レーダではそのうち直進性，反射性，等速性，指向性の4つの特性を利用して測定原理としている。

つまり，船から発射された電波は等速度で，直線的に進行するが，物標があればこれによって反射され，そのうちの一部は船で受信される。船では電波の発射された方向から物標の方向を，また発射から反射波の受信に至る経過時間からその物標までの距離を測定する。

映像となる条件

問題　3　物標がレーダの映像となって現れるための条件をあげよ。

解答　*1*　アンテナと物標との間に，送信エネルギーを遮るような障害物がないこと。

2 物標はいろいろな条件で決まる最大探知距離以内にあること。

3 物標からの反射強度が十分にあること。

4 物標からの反射は，それに近接した他の物標からの反射よりも強いこと。

5 物標までの距離は最小探知距離以上にあること。

マイクロ波の性質

問題 4 レーダでマイクロ波を用いる理由を述べよ。

解答 マイクロ波は電波の分類の中で，波長が短い方に分類される。その特徴は次のようなものがある。

1. 波長が短いほど直進性がよい。
2. 波長が短いほど鋭いビームを作りやすい。
3. 波長が短いほど小さい物標からの反射が強い。
4. 波長が短いほど外部からの混信や妨害雑音が少ない。
5. 波長が短いほど海面反射による影響を少なくすることができる。
6. 波長が短いほど短いパルス波を得ることができる。

レーダ電波の波長（3 cm 波）

問題 5 周波数9375MHz の船舶用レーダの電波の波長は，どれくらいか。

解答 波長と周波数は次式で表される。

$\lambda = C/f$

λ ：波長（m）

C ：電波の速さ（$\fallingdotseq 3\times10^8$（m/s）

f ：周波数（Hz）

周波数 9375MHz のレーダ電波の波長は，

$\lambda = 3\times10^8 /（9375\times10^6）$

$\fallingdotseq 0.032$（m）$= 3.2$（cm）

異常伝搬

問題 6 電波の異常伝搬に関するサブリフラクションおよびスーパーリフラクションについて述べよ。

解答 ***1*** サブリフラクションとは，大気が標準状態に比べ，上空の気温の下がり方が大きいときや，相対湿度が上空ほど増加しているとき，大気中の電波の屈折率が，高度が上がるにつれ大きくなり，電波が上向きに伝搬し，最大探知距離が減少する現象をいう。

2 スーパーリフラクションとは，大気が標準状態に比べ，上空の気温の下がり方が小さいときや，気温が上昇するとき，下層になるほど大気中の電波の屈折率は標準より大きくなり，電波が下向きに伝搬し，最大探知距離が増加する現象をいう。

最大探知距離

問題 7 レーダの最大探知距離は何によって決まるか。

解答 レーダによってどれだけの距離まで物標を探知できるかという最大探知距離は次の要素によって決定される。

1 送信電力は大きいほどよいが，探知能力の増加のためには効果は少ない。

2 受信機の感度を上げるとよいが内部雑音に注意しなければならない。
(信号対雑音比を改善することが必要)

3 アンテナの高さを高くすればよい。しかし，他面でこのため最小探知距離が大きくなったり，導波管損失が大きくなったりすることがある。

4 アンテナの実効面積または利得を上げればよい。そのためには使用波長は短いほどよい。しかし，アンテナの反射板の開口面積を大きくすれば風圧が大きくなる。
また，使用波長は短いほど気象状況の影響を受けやすくなるなど伝搬上好ましくない。

5 パルス幅は大きいほどよいが，距離分解能や最小探知距離には逆に働く。

6 パルスの繰返し数は少ないほど十分な距離を往復できるのでよいが，像の鮮明度が悪くなる。

7 その他，物標の高さや種類，大気の屈折率によっても大きな影響を受ける。

最小探知距離

問題 8 レーダの最小探知距離は何によって決まるか。

解答 *1* 垂直放射特性によって決まる。つまり船の動揺を考えて，通常アンテナから発射される電波は垂直方向に15°～20°のビーム幅をもっているが，船のごく近いところでは死角となる。

2 パルス幅が大きいとアンテナから発射波が完全に発射し終えない間に，パルスの先端は至近の物標で反射されてアンテナに戻ってくるが，この物標の映像は中心輝点と一致して物標としては識別できない。

3 このほか，海面や雨雪の状態などが影響する。

距離分解能

問題 9 レーダにおける距離分解能とは何か。

解答 距離分解能とはレーダ側からみて，同一方向に離れてある２つの物標を２つの物標としてディスプレイ上で識別できる限界能力をいう。

電波の伝搬速度を 3×10^8m／sec として，通常距離分解能Ｄは，

$$D=300\times\tau/2=150\tau\ (\mathrm{m})$$

で表される。ここに τ はパルス幅（μs）である。

このほか，受信機の特性，物標の種類，表示装置の解像度の大きさなども影響する。

方位分解能

問題 10 レーダにおける方位分解能とは何か。

解答 方位分解能とは，同一距離に離れてある２つの物標を２つの物標として画面上で識別できる限界能力をいい，発射波の水平ビーム幅によって決まる。つまり，図２．１においてA，B２つの物標が同時にビームに入るときは１つの物標として画面に現れることになるから，２つの物標として現われるためにはビーム幅以上離れていなければならない。したがってビーム幅 θ は小さいほどよい。

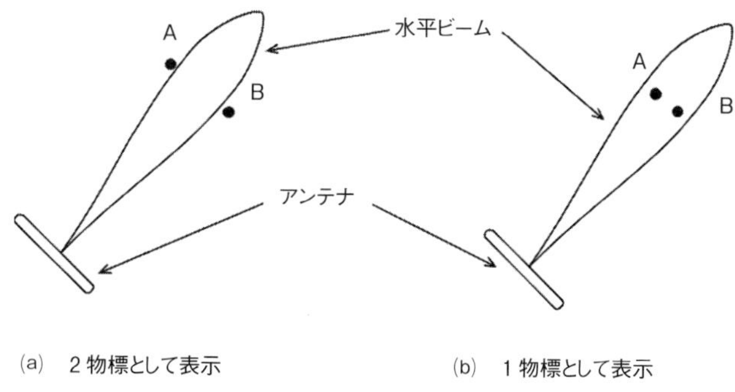

図2.1　方位分解能

映像の鮮明度

問題　11　レーダ映像の鮮明度は何によって決まるか。

解答　*1*　パルス繰返し数が多いほどよい。ただし多すぎると最大探知距離が短くなる。

2　アンテナ回転速度が遅いほど同方向からの反射パルスが多くなり像の鮮明度はよくなる。

3　このほか，水平ビーム幅，ディスプレイ特性，気象状態などの影響を受ける。

水平ビーム幅

問題　12　波長3cmの舶用レーダの水平ビーム幅はどの位か，またその幅はメインローブ（主ローブ）のどの部分を示しているか。

解答　*1*　波長3cmの舶用レーダにおける水平ビーム幅は約1°～2°である。

2　この幅は，アンテナの水平指向性を描いたとき，アンテナの向いている方向にできるメインローブ（主ローブ）において，最大電力の1／2電力となる点

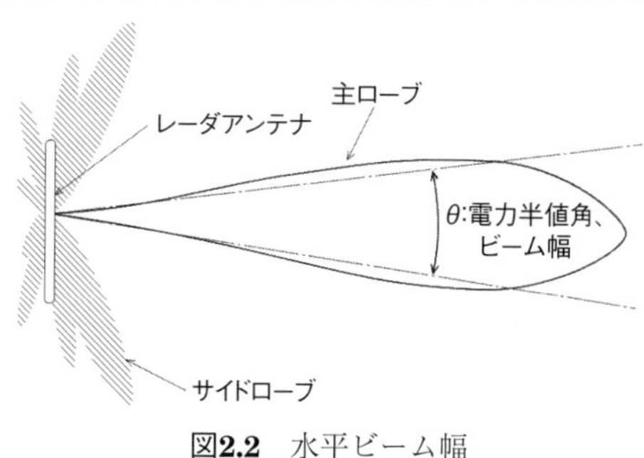

図2.2　水平ビーム幅

が発射点に対して作る角（電力半値角）で表わしている。

レーダの距離誤差

問題 13 レーダ映像に考えられる距離誤差をあげよ。

解答 ***1*** 距離の測り方

送信パルスの前端が物標に当たって反射され，これを受信して物標が探知され始めるが，送信パルスのパルス幅によって，半径方向に遠くへ伸びて現われる。したがって可変距離目盛の外端を映像の内端に接触させて測定すれば誤差が少なく，目盛を映像の中心に接触させて測定すれば誤差が生じる。

2 距離分解能による影響

同じ方向に2物標があり，物標間の距離が距離分解能以上であれば，2つの映像に分離されるが，距離分解能よりも小さな距離以内にあれば，映像は重なってしまって識別ができない。このようなときに遠い方の物標までの距離を測っても距離分解能よりも小さい範囲の誤差は避けられない。

3 距離目盛の影響

距離目盛には固定距離目盛と可変距離目盛がある。固定距離目盛や可変距離目盛には製作上の基準によって，それぞれ許容誤差がある。また固定距離目盛だけを用いて補間法により距離を求める場合には，許容誤差のほかに読取誤差も生じる。ときどき両距離目盛を比較して調べておかなければならない。また，できれば距離のわかっている物標の距離を画面上で測定して，比較するとよい。

4 物標の形状

例えば斜面のゆるやかな海岸線はレーダ映像に現れ難いが，海岸線から入りこんだ後方の丘や山などからの反射が強いとき映像に現れる。この映像の形が海岸線とよく似ている場合，海岸線と誤認しやすい。このような場合は誤認に基づいた距離の誤差によって海岸線から実際よりも遠距離を船が航行しているように判断しがちであるから注意が必要。

レーダの方位誤差

問題 14 レーダ映像に考えられる方位誤差をあげよ。

解答 ***1*** 映像拡大効果

アンテナから発射されたマイクロ波の水平ビーム幅は1°〜2°くらいである。マイクロ波が当たっている間，物標は探知されることになるので左右へビーム幅の半分ずつ広がる。つまり，物標の実際の角度よりもビーム幅だけ広がった映像が現れる。これを映像拡大効果という。

2　中心拡大

中心拡大装置のあるレーダでは，中心拡大にしたとき映像が歪んでいるので，映像をよく確かめて測定しなければ，方位誤差が大きくなるから注意を要する。

3　船首方位輝線の調整不良

相対方位指示にした場合，船首方位輝線は方位目盛の0°を指示していなければならない。つまりアンテナが船首方向を向いた瞬間，マイクロスイッチが作動して画面方位目盛0°に船首方位輝線が現れるようになっていなければならない。

ところがマイクロスイッチの作動点のずれのため，船首方位輝線が方位目盛0°からある角度だけずれて現れることがある。この状態のまま真方位指示に切換え，船首方位輝線と真針路とを合わせた場合，ずれの角度だけ方位誤差が生じる。

4　ヨーイングによる影響

相対指示方位にしてあるときに船首がヨーイングをすれば，針路から偏した船首を基準にして映像が現れる。この状態で相対方位を測定し，これに所定針路を加減した場合には，物標の真方位は針路からのずれだけ方位誤差を生じる。

5　映像の位置

測定しようとする映像がなるべく画面の外周付近に位置するように，距離範囲を適当に切換えて方位を測定する。

これは中心近くにある映像を測定するよりも，小さな距離範囲に切換えて同じ映像を外周付近に移すと測定方位誤差が少なくなるためである。

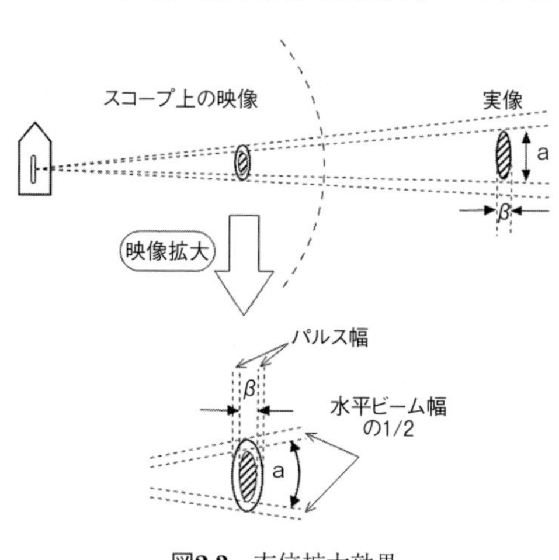

図2.3　方位拡大効果

6 船体の傾斜

船体が一方に一定の角度だけ傾斜した状態を考えると，アンテナは見かけ上鉛直軸に対して楕円運動をすることになる。実際にはアンテナは等速運動をしているのに，見掛け上鉛直軸に対して不等速の運動をしていることになり，方位誤差を生じる。

船体の動揺は複雑であるが，ローリングの影響が大きい。船が動揺状態にあるとき，4隅点付近において最大の誤差を生じる。このため船体が水平になったときに方位を測定するようにすればよい。

7 画面の解像度

ラスタースキャンレーダの場合には，画面上に映像を表示するために数値をドットに変換する際に生じる表示のズレによる誤差についても留意する必要がある。

共通基準位置（CCRP）

問題 15 レーダによる距離および方位測定の基準となるのは，どのような位置か。名称とその概要を述べよ。

解答 共通基準位置（Consistent Common Reference Point）は，レーダおよびECDISでの方位や距離の測定時の基準となる位置であり，一般的に操船する場所とする場合が多い。

ARPA機能で求める，相対針路や相対速度，DCPA，TCPAは，共通基準位置を基に計算される。

当直の職員は，レーダアンテナの設置位置から見た状況とCCRPから見た状況では，相違する場合があることに留意する必要がある。

【参考】国際規格2008 IMO ECDIS性能基準では，操船する際に共通基準位置（CCRP）を明確に定め，目標の距離・方位，相対針路・速度，CPA，TCPA等，すべての測定をCCRPに基準を置いた位置として行うための性能が求められている。

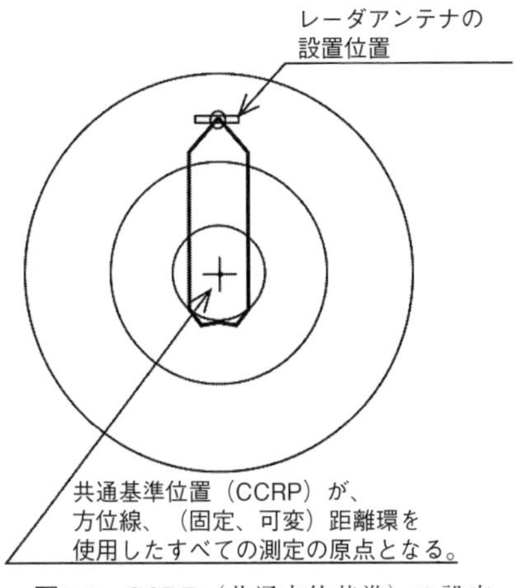

図2.4　CCRP（共通方位基準）の設定

レーダによる船位測定法

問題 16　沿岸航行中，レーダを使用して陸標の映像により船位を求める方法を説明し，その際の注意事項を述べよ。

解答　***1***　船位測定法

精度のよい順に測定法の種類をあげる。

1.　視認による物標のコンパス方位とレーダ距離
2.　数個の目標のレーダ距離
3.　単一目標のレーダ方位とレーダ距離
4.　数個の目標のレーダ方位

2　注意事項

1.　レーダによる方位の精度は距離の精度より劣るので，船位決定の際の位置の線としては距離を優先する。
2.　測定方位にはビーム幅による拡大効果を考えて，映像の外端の方位を測定したときは，ビーム幅の半分を修正する。
3.　見かけ上顕著な物標が必ずしもレーダ映像として顕著であるとは限らないことを考慮する。海図上の等高線の分布など付近の地形と比較対照して測定点の位置を確かめる。
4.　測定の際の使用レンジは物標がなるべく画面の外周近くになるようにす

る。

5. 距離測定には映像を適切に調整して，可変距離目盛を映像に軽く内接させる程度で読み取るのがよいが，可変距離目盛と固定距離目盛をときどき比較整合してみる必要がある。

船位測定時の注意

問題 17 レーダにより船位を求める場合の注意事項を述べよ。

解答 レーダによって測定した方位や距離には，誤差が含まれる。しかし方位の誤差よりも距離の方が小さく，信頼性がある。したがって，船位測定には，方位測定よりも距離測定による方法を優先して取扱うようにし，視方位とレーダによる距離測定を組み合わせて船位を求める方法もレーダ方位測定のみよりは精度がよい。

1 距離測定上の注意

固定距離目盛しかないレーダでは，目分量によって距離を求めなければならないが，可変距離目盛のあるときは，これによって精度測定を行うことができる。そのようなとき次の点に注意する。

1. 自船のレーダ水平線をよく知っておき，この距離以内で反射のよい物標があれば，この物標の距離測定の精度はよい。
2. レーダ水平線内の物標でも，地形がゆるやかな海岸線などは映像に出にくいので精度はよくない。
3. レーダ水平線よりも遠い物標も，同じ理由で精度が悪い。
4. 海岸線，岬，島または船舶などの物標までの距離を求めるには，可変距離目盛をその物標の内端に接触させて読み取る。

2 方位測定上の注意

1. 測定物標の入り得る最小の距離範囲に切換えて方位を測定すれば，精度がかなりよくなる。
2. 単一物標を測定するには，その映像の中心に方位線を重ねて目盛を読めばよく，この場合かなりよい精度が得られる。
3. 島や岬角などの一端を測定するときには，映像拡大効果を打消すため，通常の感度では測定方位にビーム幅の半分を加減すればよい。
4. 船体が動揺のために傾斜しているときに方位を測定すると，方位誤差を生じるので，船が水平のとき，方位を測定する。

レーダによる陸岸の初認

問題 18 外洋から陸岸に接近する場合，レーダ表示面上に陸上物標の映像を初認したとき，船位決定するに当たり，注意する事項を述べよ。

解答 1. 遠距離に現れた映像の判読

映像がレーダ表示上に現れたとき，映像が海図上のどの目標に相当するかを確認する。その場合，レーダの利得（ゲイン）を調整し，最も鮮明な映像を得るよう努力するとともに，次の注意が必要である。

① 遠距離では，海図上の海岸線や岬角とレーダ表示の映像とはかなりの相違がある。

② 実際の物標の形は変形され，輪郭がぼやけることが多い。

③ 実際の物標の反射強度や気象条件で思わぬ物標の一部が先に現れることがある。

④ 遠距離効果による偽像の判断にも注意する。

2. 船位の決定

① 方位測定には孤立した山，島の中心を測定すればよいが，海岸線などによる場合は方位拡大効果の影響を考慮する。

② 測定した船位は，過信せずその後の映像の変化を見守り，物標を確認する。

③ 他の計器も使用して船位の把握に努め，水深が適当であれば等深線の利用も有効である。

真方位指示と相対方位指示

問題 19 レーダの真方位指示方式（North up）と相対方位指示方式（Head Up，またはCourse Up）の違いを述べよ。

解答 1. 真方位指示ではレーダ画面の上方が常に北（000°）となり，船首輝線はその当該方位に現れる。変針の際でも陸岸（周囲）の映像は安定している。映像の方位関係は海図と同じとなるので，沿岸航法には便利である。

2. 相対方位指示ではレーダ画面の上方が常に船首方向となる。変針の際には周囲の映像は変針方向と反対に回転し，その残像のため判読が困難になる。出入港時など自船から見た周囲の状況が特に重要なとき，また河川など比較的まっすぐな水路を航行する場合で右舷や左舷の関係が重要なときに利用する。

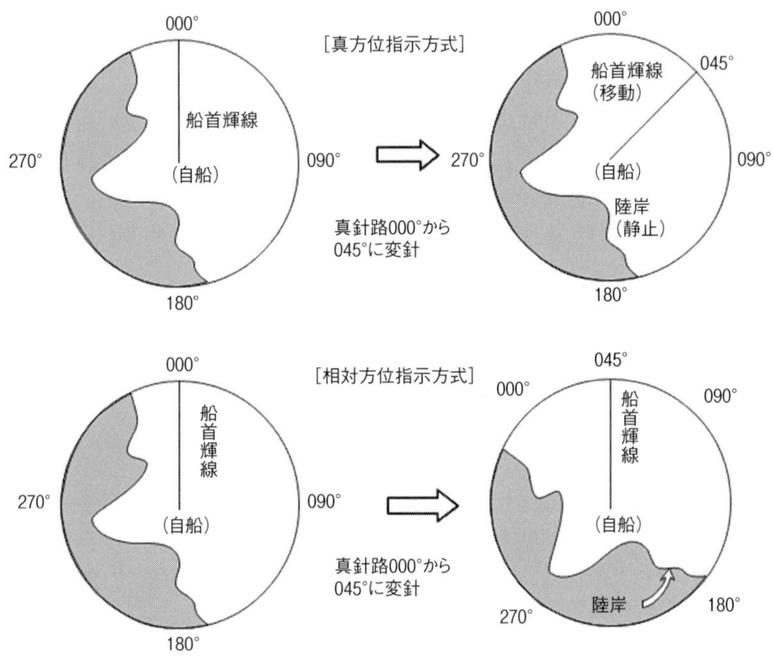

図2.5 真方位表示と相対方位表示

STC と FTC

問題 20 レーダ回路において STC 回路および FTC 回路の働きを述べよ。

解答 ***1*** STC（Sensitivity Time Control）回路は，海面反射抑制回路と呼ばれ，本船近くの波からのレーダ反射波を抑制するため，中心付近の感度を下げる機能をいう。現在は Anti-Clutter Sea と呼ぶこともある。

この機能は図2．6（a）に示すように反射信号の強度を距離によって変化させる「しきい値」で俗に言う「足切り」するものである。しきい値を上回った反射強度のある信号のみ画面に表示される。

STC を利かせすぎると，近距離の目標からの反射波が薄れ識別できなくなったり，映像として認識できなくなったりするので注意を要する。

この機能を働かせていくと，映像は中心に近い方から徐々に消えていくように表示される。

2　FTC（Fast Time Constant）回路は，雨雪反射抑制回路ともいわれ，雨や雪等からの反射波がレーダ画面上に現れると物標からの反射波が遮られて物標の識別が困難となるのを抑制するための機能である。現在はAnti-Clutter Rainと呼ぶこともある。

この機能は図2．6（b）に示すように反射波信号を時間で微分（変化具合をみる）して，一定以上の変化のみを取り出すことで，距離方向に変化の大きい場所を目立たせることができ，雨域内の目標を判別しやすくする。

この機能を働かせていくと，映像は信号強度変化の少ない周囲の方から徐々に消えていき，信号の立ち上がり部分のみが表示されるようになる。

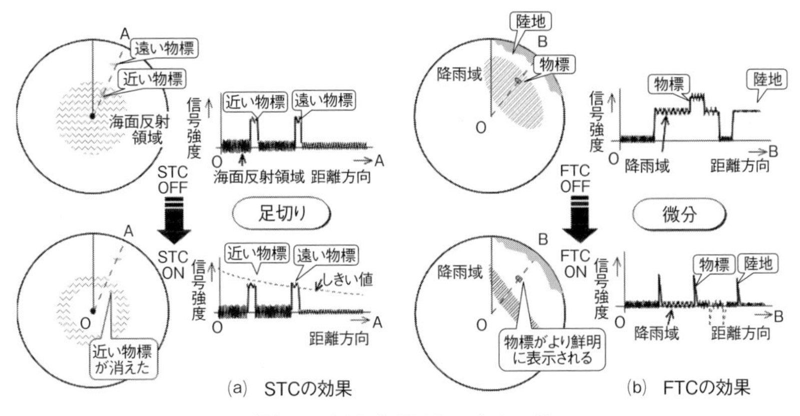

(a) STCの効果　(b) FTCの効果

図2.6　STCとFTCのイメージ

偽　像

問題　21　レーダの偽像について述べよ。

解答　実際に物標のある位置以外に現われる映像が偽像であり，次のようなものである。

1　多重反射による偽像

反射強度の強い平らな面を有する物標が，近距離で相対している場合，相互間に何度も反射された電波が，そのたびに受信され何回も映像を現すことがある。（大型）船が近距離で同航もしくは行き会う場合，この偽像が現れ

るが，等間隔に現れるもので容易に識別できる。(図2．7（a）参照)

2 二次反射（鏡反射）による偽像

自船から発射された電波が物標に直接あたり，その反射波を受信して実像を現すが，他の方向に大きな反射強度の平らな面を有する構造物があれば，この方向にアンテナから電波が発射され，構造物によって反射された電波が物標にあたり，逆のコースをたどった反射波が受信される。映像には実像の他に，構造物と物標の距離に等しく，しかも構造物と同じ方位に偽像を生じる。(図2．7（b）参照)

3 サイドローブによる偽像

主ローブの他にサイドローブが生じる。サイドローブは主ローブよりも著しく弱いが，近距離に強い反射強度の物標があれば，実像の他，サイドローブによる偽像が現れることがある。サイドローブによって生じた偽像が著しいときは連続的な円形や途切れた弧状に現れるので，容易に識別できる。(図2．7（c）参照)

近年のレーダでは，特定方向へ大きく放射されるサイドローブを軽減するようになっている。(図2．7（d）参照)

4 陰影に生じる偽像

アンテナから発射され，自船の煙突またはマストなどによって反射された電波が，その反射の方向に物標があればこの物標にあたり，全く逆のコースを帰ってきて受信され，煙突またはマストなど反射体の方向に偽像を現す。

この偽像は実像と等距離で，しかも陰影の方向に現れるものであるから，陰影の方向をよく調べておけば識別が容易である。またアンテナの前方にマストがあるときは，船首方向に偽像が現れやすく，航海の障害となりがちであるから，アンテナを装備するときなるべく高くするか，またはマストの真後ろを避けて装備する必要がある。(図2．7（e）参照)

5 第2掃引偽像

スーパーリフラクションやダクティングのように電波が異常伝搬する状態のとき，異常に遠い距離にある物標が探知され，実際よりも非常に近い距離に映像が現われることがある。

例えば，レーダのパルス繰返周波数が毎秒1,000回とすれば，パルスは1/1,000秒，つまり1,000 μs ごとに発射され，その間に電波は約81海里の距離を往復することになる。

ところが40海里レンジを使用しているとき，40海里まで掃引状態のため物

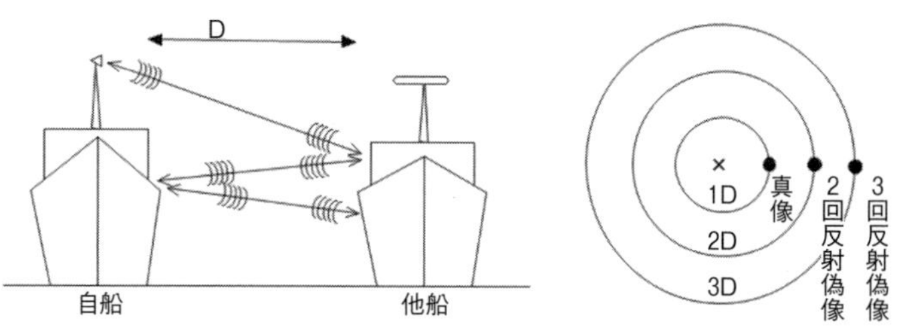

図2.7（a） 偽像（多重反射）

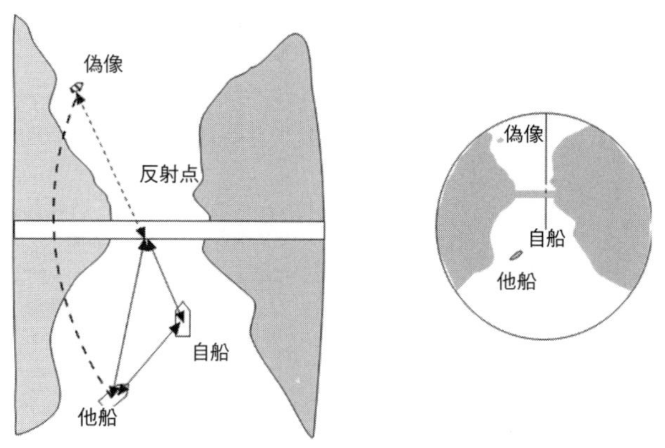

図2.7（b） 偽像（二次反射）

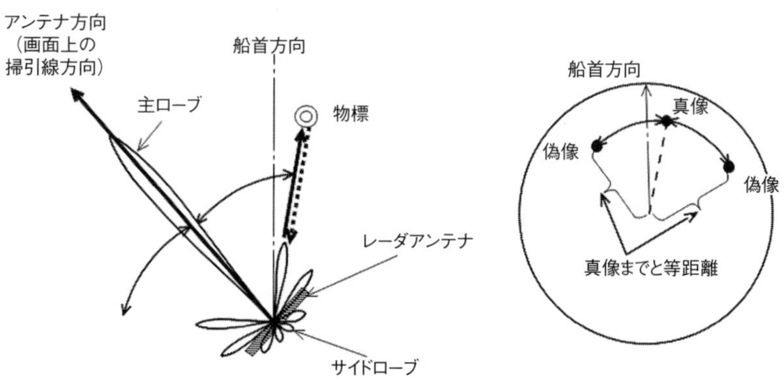

図2.7（c） 偽像（サイドローブ）

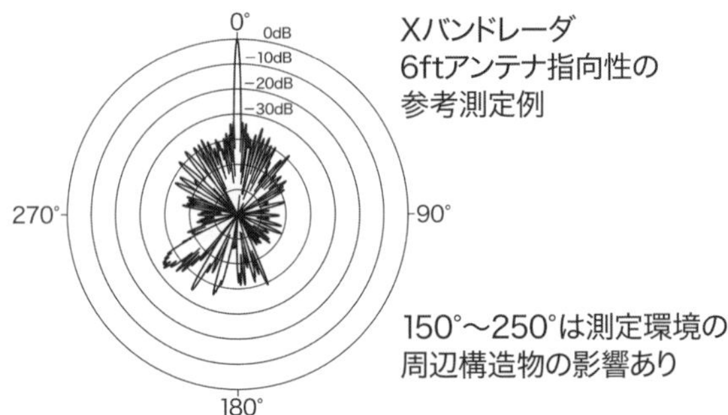

図2.7（d） 最近の放射パターン（一例）

資料提供：日本無線（株）

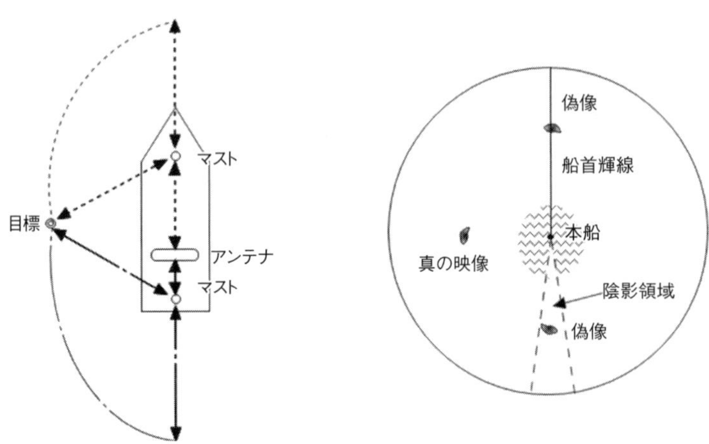

図2.7（e） 偽像（陰影）

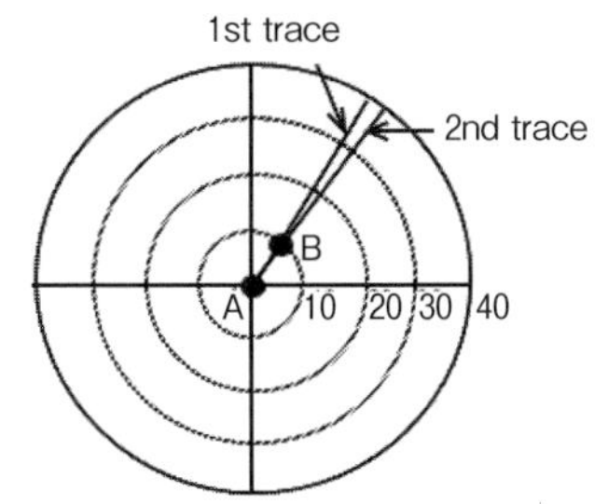

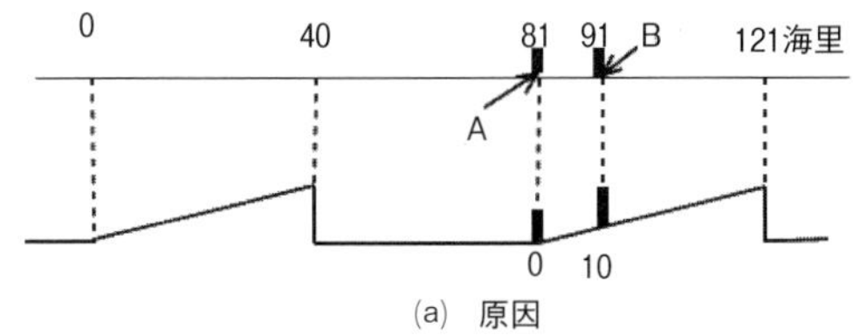

(a)　原因

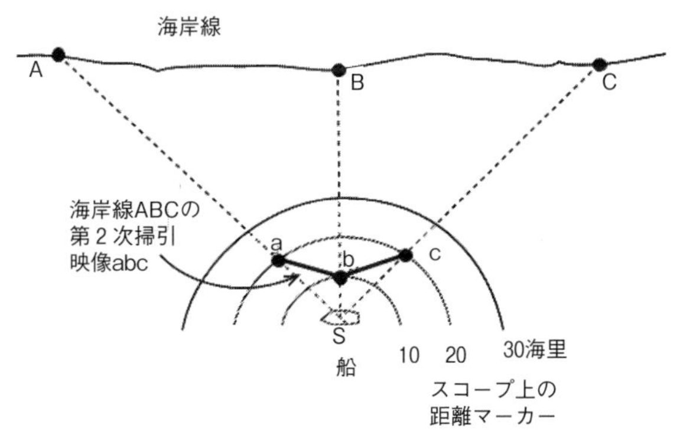

(b)　一例

図2.7（f）　偽像（第２掃引）

標は探知されるが，40海里から81海里までは掃引停止状態のためその間の物標は絶対に探知されることがない。

次に距離が91海里のところにある物標は，第１回目のパルスが発射され，その掃引状態のときには映像が現れないが，第２回目の掃引状態のときに第１回目の反射波が受信され，91－81＝10海里の距離のところに探知される。

これと同じように実際の距離が101海里の物標は20海里のところに探知される。このような偽像を第2掃引偽像という。

また第1回目の反射が，第3回または第4回目の掃引のときに探知されるものを第3または第4掃引偽像といい，オマーン湾において第3掃引偽像が実際に探知された例がある。

第2掃引偽像は，測定方位は正しく，測定距離は実際の距離からパルス間隔に相当する距離を引いたものであり，映像は中心に集まったように歪んで現れ，普通の映像にくらべてはっきりした映像でなく，STCのため中心に近い部分は輝度が薄いなどである（図2．7（f）参照）。

他船のレーダ干渉

問題 22　他船のレーダ干渉による映像の特徴を述べよ。

解答　他船が遠い場合には，互いにアンテナが向き合ったときに他船のレーダが発射する電波を受信し，その方向にらせん状の点線の偽像が現れる。

他船との距離が近い場合には，サイドローブによって影響を受け，アンテナの向きに関係なく，レーダ画面の全面にわたってらせん状の点線が現れる。

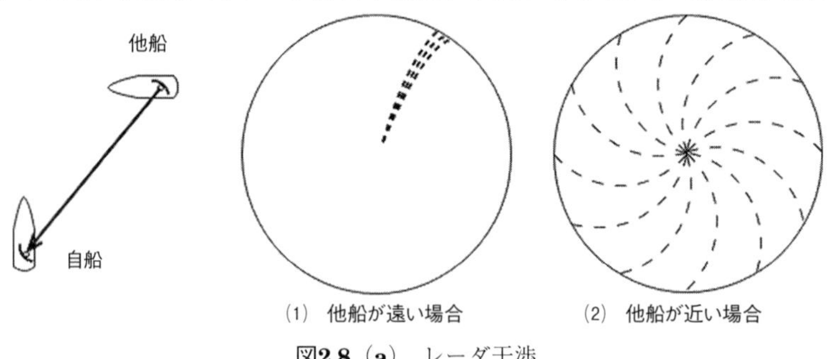

図2.8（a）　レーダ干渉

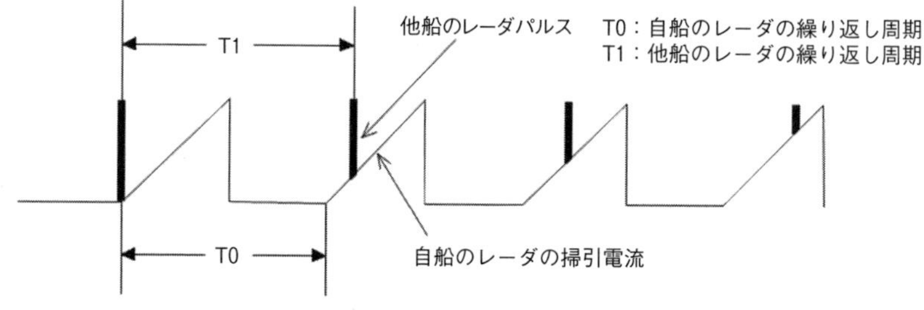

(1) 他船からのレーダパルスと自船の掃引電流の関係

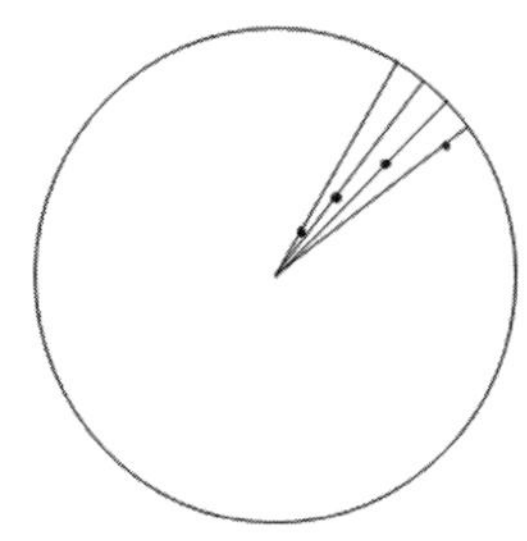

(2) T0＜T1の場合の干渉像

図2.8（b） らせん状の映像を生じる理由

狭視界時のレーダ見張り

問題 23 狭視界航行中，レーダ見張りを行う場合の注意を述べよ。

解答 ***1*** 熟練した船舶職員が連続観測にあたること。しかし，目視による見張りを省略してはならない。

2 自船の速力および周囲の状況を考慮して使用レンジを定めるが，通常使用のレンジをときどき切換えて，遠距離の概況および近距離の細かい影響にも注意する。

3 画面上での映像変化に注意する。画面上だけでの判断では不十分なので，他船の映像はなるべく12海里以遠で探知して，プロッティングにより運動の解析をし，他船の動きを把握しておく。

プロッティングの結果は将来の動きを保証するものではないから，運動解析および自船がその結果避航処置をとった後でも，継続して観測を行う。

4　映像の中で，船首方向の行き会い船に最も注意が必要であるが，自船に向かって接近する速度の速いものほど危険である。

5　遮影区間などを考慮して，ときどき小さく針路を変えてみるとよい。

6　映像が画面上に現れない場合は受信感度輝度や同調を調節して，レーダが正常に作動しているか確かめる。

レーダによる避険法

問題 24　狭視界時におけるレーダによる避険線の設定方法を説明せよ。

解答　レーダは狭視界においても，物標の方位および距離を同時に測定することができるので，方位および距離を利用して避険線を設定すればよい。

1　側方物標の離隔距離によるもの

海図上で危険範囲を付近のレーダに顕著な物標からの距離で区画し，可変距離目盛をその距離に合わせて，可変距離マークがその物標に接しないように航行する。危険区域と目標を結ぶ線が航路と直角に近いときに効果的である。

2　針路目標のレーダ方位によるもの

コンパス方位と同様であるが，危険区域と目標を結ぶ線が航路と平行に近いときに効果的である。

3　平行カーソル（PI）の利用

カーソルに平行線の記入されたものでは，図2．9のように針路前方の危険物の航過距離を船首尾線と物標に接する平行線間の距離で予測できるので，非常に便利である。船首尾方向を変えた場合でも，航過距離はただちにわかる。

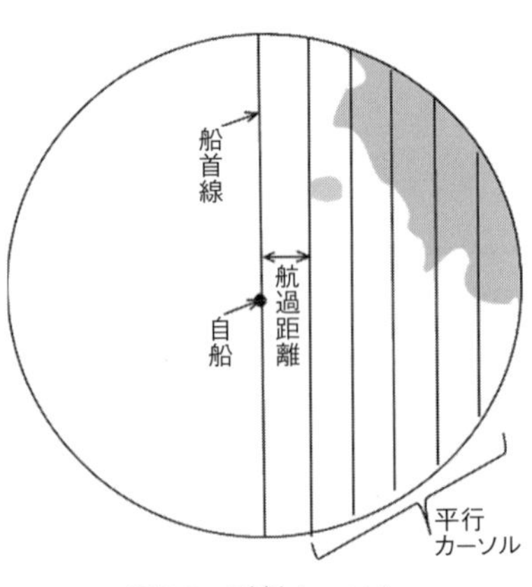

図2.9　平行カーソル

レーダによる危険の判断

問題 25　レーダにより，画面上の他船との間に衝突のおそれがあるかどうかはどのようにして判断するか。また危険の度合いはどのようにして知るか。

解答　*1*　衝突のおそれの有無

相対運動指示方式（relative motion）のレーダで他船の映像を観測する場合，その方位が変わらず自船に向かって接近してくるものが衝突のおそれがある船である。近距離のものは，多少方位が変化しても衝突のおそれがあると考えた方がよい。

2　危険の度合いの判断

方位変化がなく，距離の接近度合いの速いものほど危険であるが，特に自船の針路前方から接近する反航船は，両船とも避航の方向を誤ることが多いので，ヨーイングのあるときには特に慎重に判断する。

レーダプロッティングの意義

問題　26　レーダプロッティングとは何か。また，なぜそれが必要であるのか説明せよ。

解答　*1*　方法および手順

レーダプロッティングとは，レーダ画面上の他船映像の方位・距離を適当な時間間隔で測定して，その結果を逐次記入用紙または記入盤に記録し，映像の運動を追跡して最接近距離やその時刻を求め，さらに相対運動の解析によって，他船の針路・速力を把握することや，避航計画をたてることをいう。

他船の方位・距離を測定し，その結果を順次自船を中心として記入すれば，相対的な他船の運動軌跡が得られる。さらに，これらの点を結んだ線を延長し，その線上へ中心（自船）から垂線を下ろせば，その垂線の長さが最接近距離（DCPA）を示す。この距離と他船がその点まで達する時間（TCPA）が，衝突のおそれがあるかどうかを判断する目安になる。

2　必要性

レーダ画面に現れる他船の位置変化はごく僅かであるから，連続的に画面を注視していても，その位置変化から運動の方向および速さを正確に判断することは難しい。特に衝突の危険のあるものほど方位変化が少ないので，図上に正確に記録する必要がある。

また，操船の安全を期すためには，他船の針路・速力，見合い角および横切り角などの要素も必要であり，これらはプロットを行わなければ得られない。海上衝突予防法にある「レーダの適切な使用」にはレーダプロッティングも含まれている。

レーダプロッティング実施上の注意

問題 27 レーダプロッティング実施上の注意事項をあげよ。

解答 ***1*** 作図に習熟し，相対運動の解析に関する理解を深める。

2 レーダ観測および機器の調整技術を高める。

3 プロッティングのための測定時間の間隔を正確にする。

4 プロッティングはなるべく早目に開始すること。10～12海里くらいで開始した方がよい。

5 プロッティングは衝突のおそれがなくなるまで継続すること。また，自船および他船の運動に変化があったときは，最初からやり直す必要がある。

6 他船の避航距離は十分にとり，避航は早目に積極的に行うよう計画する。

7 プロッティングの結果は過去の情報に基づくもので，将来を安易に予測してはならない。

8 測定方位および距離の誤差を考慮する。

ARPAの概要

問題 28 自動衝突予防援助装置（ARPA（TT））の働きを述べよ。

解答 自動衝突予防援助装置（Automatic Radar Plotting Aids，ARPA）は英語名が示すとおり，レーダをセンサーとして得られる他船の動きを自動的にプロットするもので，機器によって方法は多少異なるが，自船中心の危険域にあり，衝突するおそれのあるものを警報で知らせ，さらに自船の避航方法を試算したりするものである。

〔注〕 TT：Target Tracking

ARPA使用上の注意事項

問題 29 ARPA（TT）使用上の留意点を述べよ。

解答 以下の点に注意する。

1 ARPA（TT）による情報は過去の情報であり，将来を予測するための情報であることに留意する。

2 自動的に衝突を防止する装置ではないことを知る。

3 最も適切な動作をとれるよう，時間的，距離的に十分な余裕を持って捕捉

する。

4　付近に多数の船舶が存在する場合，まず危険と思われる目標を重点的に手動で捕捉する。

5　試行（模擬）操船を行う場合，法規に則った避航動作を考慮し，模擬的な操船を試みる。

6　捕捉した目標の乗移りを確認した場合にはためらわずに捕捉し直す。

7　速力データにGPSのデータを用いている場合は対地速力であることに注意する。

ARPAの情報

問題　30　ARPA（TT）により得られる情報にはどのようなものがあるか。

解答　***1***　追尾中の目標について次のような情報を文字および数字等により利用できる。

1.　現在の目標までの方位・距離
2.　予測された最接近距離（DCPA），時間（TCPA）
3.　目標の針路および速力

これらの基本的な情報のほか，避航操船に有益な種々の情報の収集，操作が可能である。

2　自船が避航すると想定した場合の周囲の運動状況が模擬され，あらかじめその結果を知ることができる。（試行（模擬）操船 Trial Maneuver）

3　航路線や種々の避険線が設定でき，操船が容易になる。

4　自動捕捉および手動捕捉いずれの場合も40以上目標を捕捉できる。

5　目標の捕捉は「手動」または「自動」のどちらでも可能である。また自動捕捉の場合，捕捉を必要としない区域（サプレスゾーン）を設定することができる。

6　捕捉目標についての針路・速力の情報は，ベクトルまたは図形によって表示され，これらの目標の予測運動が明らかになるので，目標に対する危険度の判定は容易である。

ARPAの動作警報

問題　31　ARPA（TT）の警報にはどのようなものがあるか。

解答　ARPA（TT）は種々の状態に応じて警報が鳴るようになっている。ARPA自体に故障が生じたような場合，また捕捉した目標に対して設定した条件が守られないような場合に，ARPA使用中には次のような警報が警報ランプまたはブザーによって観測者に知らせるようになっている。

1 侵入警報（Guard Ring Alarm）

あらかじめ設定した距離範囲（ガードリング）に目標が侵入した場合に識別マーク，警報ランプおよび音により警報が出る。

2 危険目標警報（Danger Target Alarm）

あらかじめ設定したDCPA（最接近距離）およびTCPA（最接近時間）以内に接近すると予測される場合に識別マーク，警報ランプおよび音により警報が出る。

3 物標見失い警報（Lost Target Alarm）

目標が距離範囲の外に出た場合を除き，数回の掃引で探知されなかったとき警報ランプおよび音により警報が出る。警報解除または確認まで，目標の最後の追尾位置は表示器上に示される。

4 故障警報（Fail Alarm）

次のような異常が生じた場合に警報ランプおよび音により警報が出る。

1. システム自体に異常が生じたとき
2. 電源が供給されなくなったとき
3. ジャイロコンパス，レーダおよびログ信号が供給されなくなったとき
4. レーダとARPAのレンジが極端に違っているとき

〔注〕 警報の名称（呼称）は，メーカによって違いがある。

DCPAとTCPA

問題 32　ARPA（TT）において，DCPA，TCPAとは何か。

解答　DCPA（Distance of Closest Point of Approach）とは両船が最接近したときの距離をいう。

TCPA（Time to Closest Point of Approach）とは両船が最接近するまでに要する時間をいう。

危険目標

問題　33　ARPA（TT）において物標が危険目標として表示されるのは，どのような場合か。

解答　次のような場合には危険目標として表示される。

1　追尾物標があらかじめ設定した最接近距離（DCPA）と最接近時間（TCPA）により設定された危険範囲に入ると予測される場合。

2　設定されたガードリング内に追尾目標が入った場合や，ガードゾーンを追尾物標が通過した場合

危険目標として認識された場合には警報音とともに，目標の形が安全目標を示す印（○など）から危険目標を示す印（△など）に変わる。

表示方式

問題　34　ARPA（TT）における速度ベクトル表示方式と衝突危険範囲表示方式の表示方式をそれぞれ説明せよ。

解答　***1***　速度ベクトル表示方式

ARPA（TT）の画面上に他船の相対ベクトルあるいは自船および他船の真速度ベクトルを表示する方式である。

例えば，他船の6分ベクトルが画面上に表示されている場合，自船および他船が現在の針路と速力を保持すると，他船の6分ベクトルの先端は他船の6分後の位置を示すことになる。

2　衝突危険範囲表示方式

ARPA（TT）の画面上に予想衝突危険点および予想危険範囲を表示する方式である。

すべての他船の針路および速力がそのまま保持され，自船は速力を保持するが，針路は任意の方向へ向けられるとして，自船と他船の予想衝突危険点を計算し，他船の現在位置からそれらの点へのベクトルを表示するものである。衝突危険点回りの図形（六角形）は設定したCPAおよびレーダ自体の誤差ログやコンパスなどの誤差を加味して計算した予想衝突危険範囲（PAD）を示している。

模擬（試行）操船

問題 35　ARPA（TT）の試行操船機能について述べよ。

解答　自船の避航操船（試行針路・試行速力・変更時間）による変更後の周囲の運動状況が模擬（シミュレート）され，画面上にその結果が表示される機能をいう。

この試行操船とは別に通常の情報処理は，続けられているが，通常の表示と誤認のないように画面上に「T（Trial の T）」などが表示される。

相対ベクトル表示および真ベクトル表示の場合における試行操船した場合の表示についてその映像例を示すと次図のようになる。

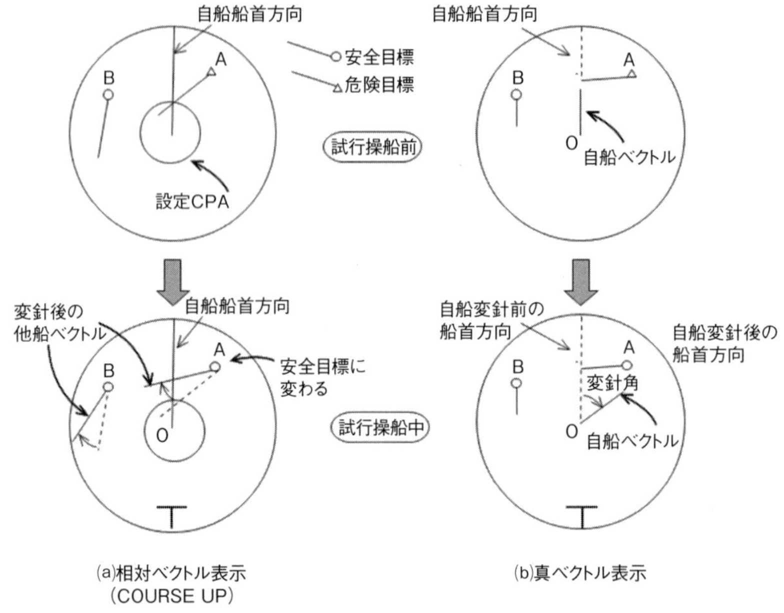

図2.10　模擬（試行）操船

乗り移り現象

問題 36　乗り移りとはどのような現象か。

解答　「乗り移り」（Swapping）とは追尾している目標の表示ベクトルが他

の目標に移動してしまう状態をいう。この現象の際には「ベクトルの長さ」や「方向」が急変することが多いので注意が必要である。目標の乗り移りは次のような場合に起こりやすい。

1 追尾中の目標が強い反射の区域（例えば波浪区域，強い降雨区域）に入った場合

2 航路航行中など追尾中の２つの目標が極めて接近した場合

3 追尾中の目標が追尾されていない強い反射の他船に接近した場合

4 追尾中の目標が橋の下を通過した場合

追尾物標の見失い

問題 37 追尾物標の見失い（ロストターゲット）が生じやすい場合を述べよ。

解答 次のような場合に生じやすい。

1 追尾目標が他の目標の陰に入った場合

2 レーダ電波の遮蔽区域に入った場合

3 追尾目標周辺の海面反射が強く，映像が識別しにくい場合

4 追尾目標周辺の強い雨や雪による反射で，映像が識別しにくい場合

5 追尾目標からの反射波（受信電力）が弱くなった場合

自動捕捉と手動捕捉

問題 38 自動捕捉と手動捕捉を組み合わせて用いる方がよい場合を述べよ。

解答 まず，手動捕捉により，優先的に情報が必要と思われる映像を捕捉し，その後自動捕捉機能を使用する。始めから自動捕捉を行うと，ふくそう海域では，追尾する最大捕捉数に達して，必要とする目標の情報を得られなくなる場合がある。

捕捉除外領域の設定

問題 39 海面反射に対して捕捉除外領域を設定する場合の注意事項を述べよ。

1 あらかじめレーダのGAIN，STC，FTCなどの調整を十分に行った後に捕捉除外領域を設定する。

2 捕捉除外領域内の目標は捕捉されないので，なるべく狭く，必要以上に大きくしない。

対水速力の入力

問題 40 ARPA（TT）の真運動表示において，他船との衝突の危険を判定する場合，潮流のある海域では，対水速力を入力しなければならない理由を述べよ。

解答 潮流がある場合，他船の真運動方向（ベクトル）が船首方向と一致しなくなる。他船との衝突のおそれを判断するときには，潮流の影響を考慮しない対水上での相対的な動きによる必要がある。衝突回避の判断に当たって必要な他船の船首方向を知るには，海面安定としなければならない。

GPSの概要

問題 41 GPSの概要を述べよ。

解答 利用者が衛星からの時間，軌道要素等の情報信号を受信し，その電波到達時間を測定することにより衛星—受信者間の距離を測定して船位を決定するシステムである。

1 6軌道上各4個計24個の衛星が打ち上げられている。衛星軌道は60°ごとに隔てられ，衛星はこの軌道上に等間隔で配置されている。

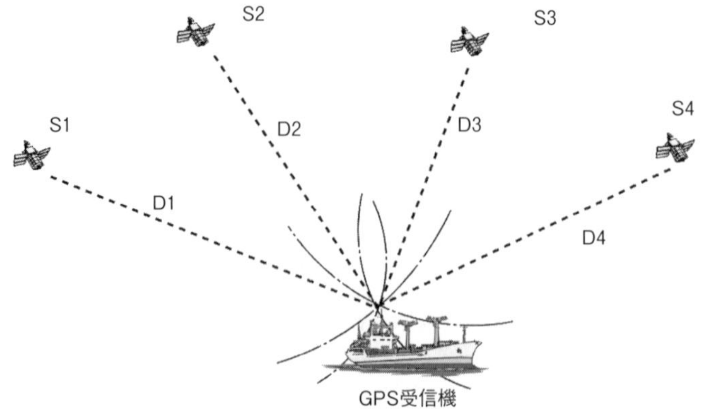

図2.11 GPSの測位原理（概念）

2　衛星高度は地上約20,000km，周期は約11時間58分ほぼ円軌道である。

3　地球上ほぼ全域で常に4衛星以上からの電波を受信でき，測者の緯度，経度，高度の3次元の位置を高精度で求めることができる。

4　測位精度は約10m以下といわれているが，従来かけられていた意図的な精度の劣化（SA（選択利用性））が2000年5月以後解除になり，測位精度が大幅に向上した。

GPSの測位原理

問題　42　GPS測位の原理を述べよ。

解答　GPSでは，衛星上と地上の測位点の双方にまったく正確な時計があったとすれば，位置が既知である衛星からの電波の到来時間を測定し，この遅れ時間に光速度をかけることにより距離を求め，受信者の緯度，経度，高度の2次元または3次元の位置を知ることができる。

実際には，衛星と受信者の時計を完全に一致させるのが困難なので，さらにもう1個の衛星からの電波の到達時間を測り，それらの値が矛盾を生じないような受信点の位置を受信機内のコンピュータによって計算を繰り返し，試行錯誤的に決定される。

電離層の影響

問題　43　GPS電波伝搬における電離層の影響について述べよ。

解答　地球上の位置，現地時間，季節，太陽活動の影響によって電離層の電子含有量が変化する。これによってGPSから送信される航法用信号が影響を受けて誤差を生じる。

GNSS（Global Navigation Satellite System）

問題　44　GPSに類似した衛星航法システムを運用若しくは試験運用中のシステムおよびその運用国について述べよ。

解答　欧州連合がGalileo（ガリレオ），ロシアがGLONASS（グロウナス），中国が北斗を運用中であり，これらは全地球を利用可能範囲とする測位システムである。

一方，日本が準天頂衛星システム（QZSS : Quasi-Zenith Satellite System）を開発し，「みちびき」として運用に入りつつあるシステムやインドもIRNSSを開発中である。日本とインドのシステムはRNSS（Regional Navigation Satellite System）と呼ばれ，特定地域向けの測位システムである。

利用衛星数

問題 45 船で使われる位置は2次元でよいとされるが，この2次元の位置を得るために必要な衛星数は何個か。その衛星の数の根拠を説明せよ。

解答 最低3個の衛星を用いれば位置を決定できる。

〔理由〕 原則として4個の衛星を利用し「緯度」，「経度」，「高度」および「時計の誤差」（衛星と受信者の時計を完全に合わせることが困難なため）の4つで3次元の位置を決定する。海上航行船舶の場合には「高度」が不要なため，3個でよい。

アンテナ据え付け位置

問題 46 GPS受信機のアンテナは船体のどのような場所に据え付けるのがよいか。

解答 周囲からの信号の干渉や再反射がなく，衛星からの信号が直接受信できるような障害物のない高い場所に据え付ける。また他の各種アンテナからも必要な距離を離しておく。

測位データ

問題 47 GPS受信機により測定した船位の誤差およびDGPSを併せて利用して測定した場合の船位の誤差は，それぞれ一般に何m以下といわれているか。

解答 GPS受信機のみによる場合：約10m

衛星の情報

問題 48　GPS受信機に表示可能な衛星の情報にはどのようなものがあるか述べよ。

解答　次のような情報が表示可能

1　PDOPまたはHDOP
2　捕捉衛星の数
3　GPS時間，衛星の軌道データ
4　衛星の状態

擬似距離

問題 49　GPSによる測位の際に適用される擬似距離とは何か。

解答　GPSでは，衛星側の時計と受信者側の時計の両者を完全に一致させることが難しい。

両者に時間差Δtだけ誤差がある場合，各衛星と受信者間には，Δt×c（c：光速）に相当する距離だけ真の距離とは異なる値となる。

この距離によって地球上に位置の線を描いて概略の船位を求め，さらに補正計算によって真の船位を求めおり，衛星から地表までの時間誤差Δtを含む距離を擬似距離（Pseudo Range，シュードレンジ）と呼んでいる。

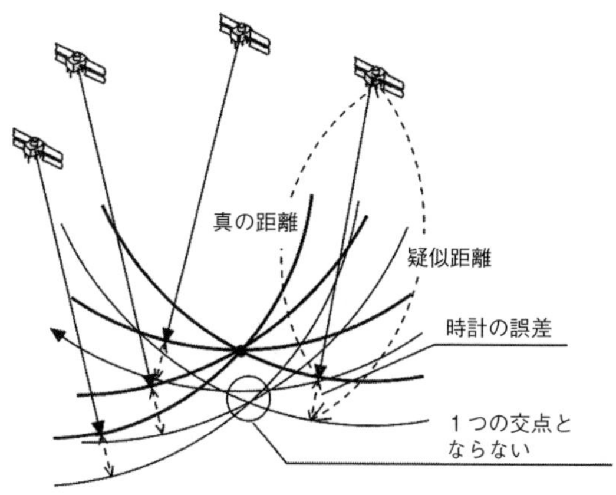

図2.12　擬似距離のイメージ

DOPとは

問題　50　GPSにおける，DOPとは何か述べよ。

解答　DOP（Dilution of Precision：ドップ）とは，天空におけるGPS衛星配置による幾何学的な精度の低下を表す指数（係数）である。GDOP，PDOP，HDOP，VDOPなどがある。

GDOP：衛星と幾何学的配置による係数をいう。

PDOP：4衛星による測位の3次元における潮位と時刻の精度を表す係数（位置精度劣化係数）をいう。

HDOP：水平方向の精度を表す係数

VDOP：高さ方向の精度を表す係数

TDOP：時間の精度を表す係数

衛星と幾何学的配置による係数（幾何学的精度劣化係数）をGDOP（Geometrical-DOP）といい，4衛星による測位の3次元における測位と時刻の精度を表す係数（位置精度劣化係数）をPDOP（Position-DOP）といい，さらにこれを水平方向のHDOP（Horizontal-DOP），高さ方向のVDOP（Vertical-DOP），時間のTDOP（Time-DOP）に分割して表すが，海上では主としてHDOPが精度を表す指標となる。

AISの概要

問題　51　AISの概要を述べよ。

解答　AIS（Automatic Identification System）は船舶自動識別装置と訳され，GPS受信機とトランスポンダを組み合わせて構成されたシステムで，これを搭載する船舶の情報を相互にかつ迅速に把握することが可能な装置。海上交通センターにおける船舶の識別が容易になるとともに，船舶間の衝突回避など安全運航を維持するうえで大きな助けになると期待されている。

【参考】船舶設備規程（第146条の29）により，次の船舶にAISの搭載が義務付けられている。

1. 国際航海に従事する旅客船
2. 国際航海に従事する総トン数300トン以上の船舶
3. 国際航海に従事しない総トン数500トン以上の船舶

AIS 情報の内容

問題　52　AISにより提供される情報にはどのようなものがあるか。

解答　AISの情報は大きく次の4つに分けられる。

1　船舶の静的情報：IMO番号，MMSI（船舶移動業務識別番号），呼出符号，船名，船の長さと幅，船の種類，測位アンテナの位置など

2　船舶の動的情報：位置情報，UTC（協定世界時），航行状況（航海中，係留中，錨泊中の区別や運転不自由船など），対地針路，対地速力，船首方位など

3　航海に関する情報：船の喫水，目的地，到着予定時刻，乗船者数など

4　航行の安全に関する情報：搭載船が必要と判断したときや他船から要請があったときなどに作成される任意のメッセージ

AIS ターゲットのシンボル

問題　53　レーダ画面上の表示されるAISターゲット（AIS：船舶自動識別装置）のシンボルマークにはどのような種類があるか。その名称と意味を述べよ。

解答　・活性化状態の他船
・休眠状態の他船
・見失いの他船
・選択中の他船

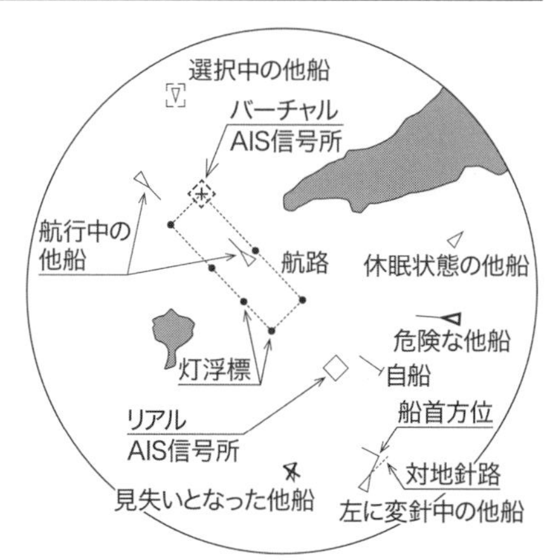

図2.13　AISシンボルの表示例

AISによる安全関連情報

問題 54 船舶自動識別装置（AIS）が送信する船舶航行の安全に関する情報（安全関連情報）は，どのような局が，どのようなときに送信するか。また，情報の内容をあげよ。

解答 搭載船が必要と判断したとき，若しくは他局から要請があった場合などに送信される。任意に作成される情報（メッセージ）であり次のようなものがある。

・航行に影響を及ぼす海難等の発生
・気象海象状況
・航路標識の状況

他船の動的情報

問題 55 船舶自動識別装置（AIS）で得られる他船の動的情報は，レーダまたはARPAで得られる他船の情報に比べてどのような利点があるか。

解答 ① AIS搭載船舶の識別が可能であり，動的情報として，位置情報，UTC（協定世界時），航行状況（航行中，錨泊中若しくは運転不自由船など）対地針路，対地速度船首方位等が実時間（リアルタイム）で表示される。

② AISによる電波は，電波を遮る物体がなければ，視認できていない湾曲部周辺および島陰の船舶との間においても情報の送受信が可能である。

動的情報の送信間隔

問題 56 船舶自動識別装置（AIS）の性能基準では，速力０～14ノットで変針していない場合および変針中にそれぞれの場合において，動的情報を自動的に送信する間隔は，何秒か。

解答 変針していない場合　10秒毎
変針中の場合　3・1／3秒毎

第3章　航路標識

問題　1　航路標識とは何か。また，その種類をあげて簡単に説明せよ。

解答　***1***　**航路標識**とは，船舶交通の要所に設置されて，灯光，形象，彩色，音響，電波などの手段により，船舶の航行の援助をするための施設をいう。

2　**航路標識の種類**

1.　灯光・形象・彩色によるもの

(1)　灯台・灯柱・陸標

陸部の主要点に設けられ，灯光を発して構造が塔状のものを灯台，灯光を発し構造が柱状のものを灯柱，灯光を発しないものを陸標という。

(2)　灯標・立標

岩礁や浅瀬の上に設けられ，灯光を発するものを灯標，灯光を発しないものを立標という。

(3)　照射灯

障害物の存在を知らせるために,暗礁・防波堤先端などを照射するもの。

(4)　導灯・導標

２つ以上の標識の見通し線により，船舶に航路などを示すための構造物で灯光を発するものを導灯，灯光を発しないものを導標という。

(5)　指向灯

船舶に港口や狭水道の安全水路を示すために，白光により航路を，緑光により左舷危険側を，紅光により右舷危険側を示すための灯をいう。

(6)　橋梁灯・橋梁標識

橋下の航路や橋脚を示すための橋梁灯（夜間用），橋梁標識（昼間用）がある。中心灯（標），側端灯（標），橋脚灯から構成されている。

(7)　灯浮標・浮標

船舶に航路や障害物の存在を示すために海上に浮かべた構造物で灯光を発するものを灯浮標，灯光を発しないものを浮標という。

(8)　その他の灯

シーバース，波浪観測塔，石油掘削塔など海上に設置された固定構造物を示すために設けられた灯をいう。

2.　音響によるもの　霧信号所

3.　特殊なもの
潮流信号所，船舶通航信号所（問15参照）

4.　電波によるもの
無線方位信号所（マイクロ波無線標識局），AIS 信号所（問23参照）

灯　質

問題 2　灯質について説明せよ。

解答　*1*　灯質の意義

航路標識の灯光と一般の灯光との識別を容易にするとともに，付近にある他の航路標識との誤認を避けるために定められた灯光の発射状態をいう。

2　**灯質の種類**

灯質は組み合わせ方により多くの種類があるが，基本的なものは次のとおりである。

1.　**不動光（F）**　一定の光度を持続し，暗間のないもの。

2.　**閃光（Fl）**　1個の光を一定の間隔で発し，暗間が明間より常に長いもの。

3.　**急閃光（Qk Fl）**　閃光のうちで，毎分60回を超えて光を連発するもの。急閃光のうちで，一定の暗間をもつものを**断続急閃光（IQk Fl）**という。

4.　**等明暗光（Iso）**　一定の光度をもつ光を一定の間隔で発し，明間と暗間が同じもの。

5.　**明暗光（Oc）**　一定の光度をもつ光を一定の間隔で発し，明間が暗間より長いもの。

6.　**互光（Al）**　異色の光を交互に発し，暗間のないもの，閃光で用いられれば，**閃互光（Al Fl）**などという。

7.　**群光**　2個以上の光を一定の間隔で発するものを群光といい，発する光により**群閃光（Fl（2））**，**群明暗光（Oc（2））**などと使われる（（　）内に明間の回数を示す）。

8.　**連成光**　不動光と他の灯質を組み合わせたもので，**連成不動群明暗光**

（**F Oc**（2））といえば，不動光の中により明るく明暗光を発するものをいう。

9. **モールス符号光**（**Mo**） モールス符号形式の光を発するもので，**Mo**（**U**）のように発する光の形式がアルファベットで記される。

灯 台 記 号

問題 3 次の灯台記号を説明せよ。

1. **Fl**（3）20 s 51 m 19M
2. **Al Oc WG** 40 s 38 m 17M
3. **Iso R** 6 sec
4. **Mo**（A）R10 s
5. **F Fl**（2）15 s 55 m 20M

解答 ***1*** 20秒周期で白い閃光を3回ずつ発する灯で，灯の高さ51m，光達距離19海里である。（灯色は白光のみのときWを省略することがある。）

2 白と緑の明暗光を交互に40秒周期で発射する。灯の高さ38m，光達距離17海里。

3 3秒間の赤光に続いて3秒間暗くなる**等明暗光**。

4 10秒周期でモールス符号のA（・—）を赤光で発射する。

5 不動白光の中に15秒周期でより明るく2つの白い2閃光を発するもの（**連成不動群閃白光**）。

初認距離と光達距離

問題 4 灯台の灯光の初認距離と光達距離の相違を説明せよ。

解答 ***1*** 光達距離とは，灯火が到達する最大距離をいい，次の2つに分類できる。

1. 地理的光達距離とは進行する光が地球の球面により遮られて観測者の目に入らなくなってしまうために制限される光達距離で，灯光の高さ（灯高），観測者の高さ（眼高），地球の曲率および光の屈折率によって決まり次式で計算される。

$$\mathbf{d} = 2.083\left(\sqrt{\mathbf{H}} + \sqrt{\mathbf{h}}\right)$$

d；光達距離（マイル） **H**；灯光の高さ（メートル）

h；観測者の眼高（メートル）

2.　光学的光達距離とは，光が大気中での発散吸収によって減衰し，観測者の目に感じなくなってしまうために制限される光達距離で，灯光の光度と当時の視程（大気の状態／透過率）等によって決まる。

2　海図および灯台表に記載されている灯台の光達距離は，光学的光達距離（快晴時の暗夜に視認できる光達距離）と観測者の基準眼高を平均水面上5メートル（m）として計算した地理的光達距離のうち小さい値を示している。

3　海図上の光達距離から任意の眼高に対する初認距離を求めるには次の算式で計算される。

初認距離（海里）＝海図の光達距離（海里）＋2.083（$\sqrt{眼高(m)}-\sqrt{5}$）

2.083$\sqrt{眼高(m)}$の値は，天測計算表（P.4～P.5）の高度改正表内の「視地平距離」の欄に掲げられている。

光達距離に関する注意事項

問題　5　灯台，灯標などを利用する場合，光達距離についてはどのような注意をしなければならないか。

解答　***1***　灯台視認時の気象状態・眼高などが，光達距離算出の条件と著しく異なる場合には，大きく変動していることがある。

2　航路標識付近の他の光源や背後の灯火の影響によっても光達距離は減少することがある。

3　本船付近の視界は良好でも，標識付近の霧等による気象状態によっては，視認できない場合がある。また，寒冷地ではレンズへの氷雪の付着によっても光達距離が減少していることがある。

名目的光達距離

問題　6　名目的光達距離とは何か。

解答　名目的光達距離とは，大気の透過率を，気象学的な視程約10海里（約19km）に相当する0.74とした場合における（光学的）光達距離を名目的光達距離という。

※　灯台表の記載は，近年簡略化され，令和2年3月版以降，名目的光達距離の記載は省略されている。

灯光を視認できない原因と処置

問題 7　夜間沿岸航海中，灯台の光達距離内に達したと思われるのに，灯光を視認できない場合，その原因と考えられる事項をあげ，その場合の処置を述べよ。

解答　***1*** 灯光が見えない原因

1. 霧，雨などにより視界不良の場合，または月明や背景の明るさで灯光が視認しにくい場合。
2. 測者の眼高が5 m より低い場合。
3. 大気の状況が標準状態と著しく異なっている場合。
4. 灯高の高い灯光が雲で覆われたり，低い灯光が中間の障害物でさえぎられたりしている場合。
5. 冬季，灯ろうが結氷して，光力が減じられた場合。
6. 灯台が休止中の場合。
7. 自船の推定位置の誤差が大きく，船位が明弧内に達していない場合。

2 処　置

1. 当直の職員は直ちに船長に報告する。
2. 見張りを厳重にし，船首やマストに見張員を配置して発見に努める。
3. 測深を励行し，またレーダ・GPS プロッターなどを活用して，船位の確認に努める。
4. 水路通報，航行警報を調べて，灯台が休止中であるかどうかを確かめる。
5. 船位の誤差界を十分に見積り，危険のないよう航行する。少しでも不安のある場合は沖出しまたは減速などの処置をとるべきである。

灯火の確認方法

問題 8　夜間航海中，灯台らしい灯火を初認した場合の確認方法とその後の処置について述べよ。

解答　***1*** 確認方法

灯火の方位，灯質および周期を確かめ，海図または灯台表により，自船の推測位置付近に該当するものがないか探す。周期は市街地の照明や波間に見えかくれする小舟の灯火と混同しないよう，正確に3～4回測ること。

また，初認かどうかを確認するには，眼高を変えてみればよい。眼高を下げて実光が見えなくなれば初認である。

2　処　置

灯台を確認できれば，初認距離の算式により概略の距離が得られるから，そのときの方位を組み合わせて船位を求め，推定位置からの偏位を知ることが急務である。船位を決定する場合には，測深，電波計器などによる船位の情報も活用する必要がある。初認距離の算式が利用できないときには，1物標による船位決定法として両測方位法や水深との組み合わせによる船位推定法などを活用すればよい。

明弧と分弧

問題 9　灯台の明弧および分弧を説明せよ。

解答　**1　明　弧**

灯台から光の発する方向の範囲をいい，明弧の方位は海上から灯光をみたときの方向で表わす。光の発せられない範囲を暗弧というが，明弧と暗弧の境界は特に近距離で余光のため不明瞭になることがある。

2　分　弧

明弧のうち異色の灯光をあらわす範囲を分弧といい，方位は明弧の場合と同様に海上から見た真方位で示すが，分弧は一般にその海面にある危険物を示すことが多いので，赤光が用いられる。灯台付近の危険物を示すために**照射灯**も用いられるが，これは主灯と別の光源によってサーチライトのように海面を照らすもので，分弧とは異なる。

明弧・分弧の図示

問題 10　明弧199°～079°，分弧043°～079°と記載されている灯台の灯光が見える範囲を図示せよ。

解答　図3．1参照。

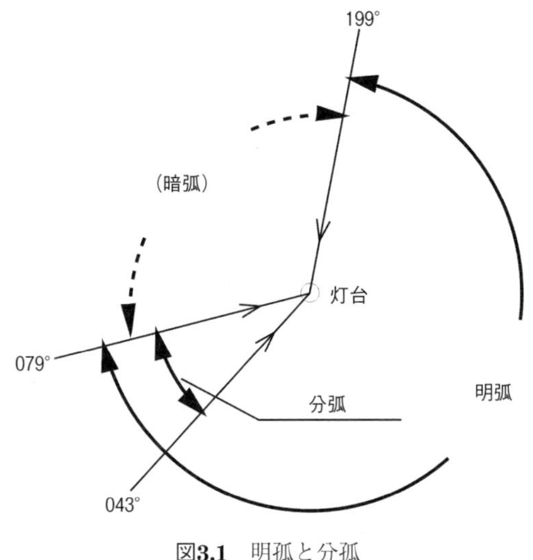

図3.1　明孤と分孤

浮標式の特徴

問題 11　IALA浮標式A及びB方式を簡単に説明し，採用している国，地域名をあげよ。

解答　浮標式は側面標識の灯色・塗色の違いによって世界を二つに分け，一方をA方式，他方でB方式を採用することとした。

A方式では左舷標識を赤，右舷標識を緑とし，主に欧州，アフリカ，アジア（日本，韓国，フィリピンを除く）海域で採用されている。（例）英国，フランス，ドイツ，豪州，インド，ロシア，シンガポール等

B方式では右舷標識を赤，左舷標識を緑とし，主に南北アメリカ海域，アジアの一部（日本，韓国，フィリピン）で採用されている。（例）米国，カナダ，アルゼンチン，ブラジル，日本，韓国，フィリピン等（図3．2参照）

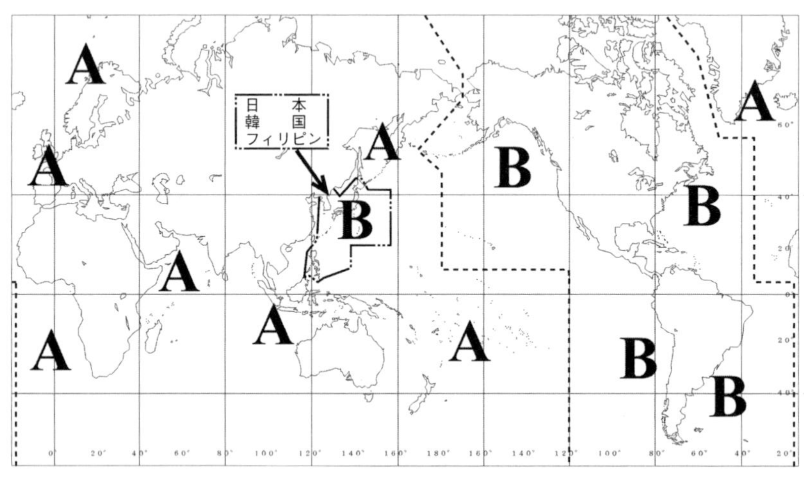

図3.2 ILLA 区分図

一般的な水源

問題 12 日本の浮標式で一般的な水源とされる，島名を述べよ。それは，どこにあるか。

解答 与那国島（よなぐにじま）で，南西諸島（沖縄県）の西端に位置する。

側 面 標 識

問題 13 IALA 海上浮標式における側面標識を説明せよ。

解答 ***1*** **側面標識**

水源に向って航行する場合の可航水域の右・左の限界を示したり，右・左の航路の優先順を示すためのもの。

2 **種類（B 方式）**

<table>
<tr><th>種類</th><th>塗色</th><th>頭標</th><th>灯色</th><th>リズム</th></tr>
<tr><td>左舷標識</td><td>緑</td><td>円筒形 (1)</td><td>緑</td><td rowspan="2">単閃光，群閃光モールス符号光又は連続急閃光</td></tr>
<tr><td>右舷標識</td><td>赤</td><td rowspan="2">円錐形 (1)
(頂点上向き)</td><td rowspan="2">赤</td></tr>
<tr><td>左航路優先標識</td><td>赤地に緑黄帯 1 本</td><td rowspan="2">複合群閃光
毎 8 秒に閃光と 1 閃光</td></tr>
<tr><td>右航路優先標識</td><td>緑地に赤黄帯 1 本</td><td>円筒形 (1)</td><td>緑</td></tr>
</table>

1. 標体は，灯浮標はやぐら形，浮標は上表の頭標と同じで左舷浮標及び右航路優先浮標が円筒形，右舷浮標および左航路優先浮標が円錐形で，浮標には頭標はつけない。
2. 灯標は塔形又は柱形，立標は柱形でともに灯浮標の場合と同じ頭標を付す。

方位標識

問題 14 IALA海上浮標式に採用された方位標識とはどんなものか。

解答 方位標識は，塗色，頭標及び灯光により方位を示すが，その標識を基準としてそれが示す方位の側が安全な水域である。つまり，北方位標識なら，その標識の北方（**NW**～**NE** の間）が安全な水域であることを示している。その内容は次のとおり。

方位標識名	塗色	頭標（トップマーク）	灯質（白光）	覚え方
北（N）	上部 黒色 下部 黄色	円錐 ▲ 2個 ▲	連続急閃光	頂点いずれも上向き 連続急閃光で12時の方向（000度）を連想
東（E）	黒色地に黄色横帯1本	円錐 ▲ 2個 ▼	群急閃光 （毎10秒に3閃光）	頂点が上向きと下向き エレベータ（Elevator）の昇降ボタンで「E」を連想 3閃光で3時の方向（090度）を連想
南（S）	上部 黄色 下部 黒色	円錐 ▼ 2個 ▼	群急閃光 （毎15秒に6閃光と1長閃光）	頂点いずれも下向き 6閃光で6時の方向（180度）を連想
西（W）	黄色地に黒色横帯1本	円錐 ▼ 2個 ▲	群急閃光 （毎15秒に9閃光）	頂点が対向しワイングラス（Wineglass）の「W」を連想 9閃光で9時の方向（270度）を連想

この標識の付近を航行する場合には，正確な方位および海図によって標識付近の状況を確める必要がある。

孤立障害標識等

問題 15 孤立障害標識，安全標識及び特殊標識について説明せよ。

解答 ***1*** **標識の意義**

1. **孤立障害標識** その全周が可航水域である小規模な孤立した障害物を示

すために孤立障害物上に設置されるか，またはその地点に係留された標識。

2. **安全標識** 障害物のない海域で特に大切なポイント，例えば航路の中央線や港の入口などを示す標識。

3. **特殊標識** 工事区域，土砂捨場，パイプライン等の標示や，海洋データ収集ブイなどの特殊な目的に使用される。

2 浮標式

種類	塗色	頭標（塗色および形状）	灯質
孤立障害標識	黒地に赤横帯1本以上	黒色球形2個縦掲	群閃白光(2)
安全標識	赤白縦じま	赤色球形1個	等明暗白光，モールス符号白光(A)，長閃白光
特殊標識	黄色	黄色X型1個	単閃黄光，群閃黄光(5)，モールス符号黄光（AとUを除く）
緊急沈船標示標識	青色と黄色の縦じま	黄色の十字形	0.5秒間隔で青色と黄色が1秒点灯

橋梁標識

問題 16 橋梁標識のうち，中央標（C標）は，何を示すために設置されているか。また，その塗色および構造および形状を述べよ。

解答 昼間における標識で，可航域の中央を示す標識であり，円形で白地に赤縦帯2本以上の塗色である。

橋梁灯

問題 17 灯色が黄色の橋梁標は，何を示すために設置されているか。

解答 可航域両端の橋脚の位置を示す。

潮流信号所

問題 18 潮流信号所とはどのような航路標識か述べよ。

解答 潮流が極めて強い狭水道において，潮流の流向及び流勢（流速および流速が増しているか，減少しているか）に関する信号を行う施設である。

来島海峡に4ヶ所（来島大角鼻（おおすみはな），津島，大浜および来島長瀬ノ鼻（ながせのはな））と関門海峡に3ヶ所（部埼（へさき），台場鼻（だいばはな），火ノ山下）に設置されている。

〔信号の方法〕

1 電光表示板

来島海峡：来島大角鼻，津島，大浜および来島長瀬ノ鼻

関門海峡：部埼，台場鼻，火ノ山下

2 無線電話（1,625kHz）

火ノ山下

3 一般加入電話

火ノ山下

〔注〕 2012年（平成24年）3月以降，来島海峡の潮流信号が電光表示板による信号のみになり，中渡島潮流信号所は廃止となった。

潮 流 信 号

問題 19 来島海峡に設置された潮流信号所において，電光板による信号は，どのような文字，数字および記号によってどのように標示されるか述べよ。

解答 ① 流向：Sは南流を示す（安芸（あき）灘から燧（ひうち）灘に向かう），Nは北流を示す（燧灘から安芸灘に向かう）

② 流速：0～13，流速（0～13ノットを示す）

③ 転流期：×（転流前20分から転流後20分）であることを示す。

④ 流速：速くなる（↑），遅くなる（↓）を標示する矢符で示す。

⑤ 転流1時間前から転流までを（↓）で示す。

いずれも電光板に点滅信号（2秒を隔て2秒点灯）によって標示される。

船舶通航信号所

問題 20 船舶通航信号所について述べよ。

解答 船舶のふくそうする港湾，特定の航路およびその周辺海域において，航行船舶の動静，海上工事・作業などの情報をAIS（船舶自動識別装置），レーダ，テレビカメラ等により収集し，その情報をVHF無線電話，電光表示板および関連する部署のインターネットホームページに掲示するなどの方

法で船舶に提供する施設をいう。

例として，東京湾海上交通センター（東京マーチス），大阪港船舶通航信号所（大阪ハーバーレーダ），東京10号地船舶通航信号所などがある。

船舶通航信号所利用上の注意

問題　21　船舶通航信号所（海上交通センターを除く。）の情報を利用するにあたって，注意すべき事項をあげよ。

解答　***1***　信号所からの通報は，船舶に対しての操船を指示するものではない。

2　信号所のレーダ映像面上には，船舶の構造および気象状態によって，映像とならず，船舶を識別できない場合がある。

3　船舶からの依頼による情報の提供は，船舶が当該信号所のサービスエリア内にあり，常に応答できる場合に行われる。

VTSとの通信内容

問題　22　海上交通サービス（VTS）センターから特定の船舶に提供される通信の内容にはどのようなものがあるか。

解答　情報（Information）の提供のほか，指示（Instruction），勧告（Advice），警告（Warning），質問（Question），回答（Answer）がある。

電波標識の種類

問題　23　電波標識の種類をあげて，それぞれを簡単に説明せよ。

解答　***1***　無線方位信号所（マイクロ波標識局）

レーダビーコン（Racon）　船舶のレーダ電波を受けて船舶のレーダ映像面上にその局の位置を輝線信号で示すためのマイクロ波の電波を発射するもの。

2　ディファレンシャル**GPS**（**DGPS**）局

船舶がディファレンシャルGPS受信機によってGPS衛星から得た位置の補正データ及び衛星の異常情報を得るための電波を発射するための施設をいう。

海上保安庁が行う中波によるDGPS局は廃止となって役割を終え，DGPSの役割は，QZSS（準天頂衛星，みちびき）からの送信に引き継がれている。

3　AIS信号所

AIS信号所は，AIS受信機およびAIS信号の重畳表示が可能なレーダおよびECDIS画面上に航路標識のシンボルマーク等を示すためのAIS信号を発射する施設をいう。

リアル（実）AIS航路標識は，実在する航路標識を当該場所からの電波で表示し，また，バーチャル（仮想）AIS航路標識は，実在しない航路標識を他の場所からの電波でレーダおよびECDIS上で仮想的に表示するものである。

レーダビーコン

問題　24　レーダビーコン（レーコン）の映像上の特徴を述べよ。

解答　レーダビーコン（レーコン）は，信号所の位置を内端として外周に向かって輝線信号が示される。（図３．３参照）

レーコンは沿岸，内海での概位の確認に便利であり，瀬戸内海，東京湾に多い。（例　第２海堡，来島梶取鼻，地蔵埼（小豆島））

〔注〕 レーマークビーコンの映像を図３．３（a）に示したが，レーマークビーコンは平成22年３月までに廃止された。

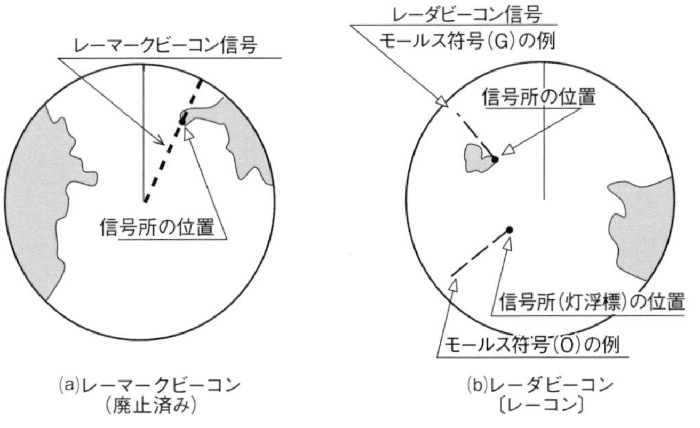

図3.3　レーダビーコン

レーダビーコン利用上の注意

問題 25 レーダビーコンを利用する際の注意事項を述べよ。

解答 ① ビーコン信号（＝輝線符号）の始点（中心側）が，標識局の位置を示している。

② ビーコン信号は，レーダ空中線の回転ごとに現れないので，数回転する間，注意して見る必要がある。

③ 標識局に向って航行するときは，レーダの船首輝線（ヘディングマーカー）が重なり，マーカーを一時的に消さないと，当該標識局の輝線符号が見えにくい場合がある。

AIS 信号所

問題 26 AIS 信号所とはどのような航路標識か述べよ。

解答 AIS 信号所は，AIS 受信機および AIS 信号の重畳表示が可能なレーダおよび ECDIS 画面上に航路標識のシンボルマーク等を示すための AIS 信号を発射する施設をいう。

実在する航路標識を当該場所からの電波で表示する場合，リアル（Real，実）AIS 航路標識といい，また，実在しない航路標識を他の場所からの電波で，レーダおよび ECDIS 上で仮想的に表示するバーチャル（Virtual，仮想）AIS 航路標識という。

第4章　水路図誌

海図使用上の分類

問題　1　海図の使用目的による種類をあげ，簡単に説明せよ。

解答　***1***　**総　図**

きわめて広い区域を一目で見るための海図で長途の航海計画に用いられる。縮尺400万分の１以下。

2　**航洋図**

遠距離航海用で，沖合の水深，主要航路標識や顕著な天然の陸標が描かれている。縮尺100万分の１以下。

3　**航海図**

水深や陸岸の形状がかなり精密に描かれ沿岸航海にも用いられる。縮尺30万分の１以下。

4　**海岸図**

海岸の細部を図示したもので沿岸航海および内海航行等に用いられる。縮尺５万分の１以下。

5　**港泊図**

港湾，狭水道などの狭い範囲を精密に描いたもの。***1***～***4***は漸長図法（問題２参照）であるが，港泊図は平面図法で描かれ，縮尺は５万分の１以上。

海図図法上の分類

問題　2　海図の図法上の種類をあげて簡単に説明せよ。

解答　***1***　**平面図**

港湾，海域など地球上の小区域を平面とみなして描いたもので，港泊図，分図がこれに属する。縮尺５万分の１以上。

2　**漸長図**

緯度線・経度線を互に直交する縦横の平行直線で表わし，航程の線も直線となるので航海用としての利点は大きい。しかし，高緯度になるにしたがい図の拡大率が増大するので，高緯度および極地方の航海には不適当である。

3 投影図

地球表面上のある1点で地球に接する平面に向って，地球中心から地球表面上の地形を投影するもので，大圏（子午線，赤道を含む）は直線として表わされるので大圏航路の概要を検討するのに便利である。

しかし，接点から遠ざかるにしたがい形がゆがみ，拡大率も異なるので方位や距離を正確に求めるのは困難である。

4 極図法

極付近を表わすため，極を中心として子午線を放射状に描き，緯度線は極を中心とする同心円で表わしたもの。極付近は正確に表わされるが，極から遠ざかるにしたがって精度が低下する。

WGS－84

問題 3 WGS－84とは何か。これが必要とされる理由は何か。

解答 人工衛星などによる観測結果により求めた地球の正確な形状と大きさに基づいて，1984年新たに定められた経度・緯度の測定の基準（測地基準，世界測地系-1984）のことをいう。

GPS，ロランC，AISなどの測位の基準となり，航海用電子海図(ENC)，AISの将来的な普及が見込まれ，世界的な測地基準の統一が必要となったため。

〔注〕 日本では，2002年（平成14年）4月以降に刊行される海図は，日本測地系から世界測地系に変更された。

分図

問題 4 分図を説明せよ。

解答 1枚の海図のうちの港湾，海峡などをとり出して図の一隅に拡大して港泊図と同様平面図法で描いたものを分図という。また，ある地方ごとに数カ所の港泊図をまとめて1枚の海図にしたものもある。

漸長図の特徴

問題 5　漸長図の特徴を述べよ。

解答　***1*** 長　所

1. 航程の線は常に直線で表わされるので図上で航程の線航法が簡単に行なえる。
2. 子午線と距等圏が互に直交する平行直線で表わされるので，緯度・経度による位置の表示が容易である。
3. 地球表面上の角度または針路が図上でも同じ角で表わされる。
4. 2点間の距離は，図上で2点を結んだ長さをその地点の真横の緯度目盛で測ればよい。

2 短　所

1. 緯度が増すにつれて，図の拡大率が大きくなるので，広い範囲についてみると形状がゆがみ，また面積の比較もできない。
2. 同一距離尺度を用いることができない。
3. 航程の線，赤道，距等圏および子午線以外は複雑な曲線になるので，大圏航法や遠距離の電波航法には不適である。
5. 緯度70°以上を描くには適さない。

大圏図の利用法

問題 6　大圏図の図法および使用法を説明せよ。

解答　***1*** 大圏図法

問題2参照。

2 大圏図の使用法

大圏図は大圏が直線で表わされるという著しい特徴があるが，接点から遠ざかるにしたがい拡大率が増加して形状がゆがみ，一般の航海用海図としては不適である。

したがって航海上で大圏図を利用するのは，大圏図上で2点を直線で結んで大圏航路を求め，この航路がどんな点を通るか調べて航路の概況を検討したり，航路上の各点を漸長図上に転記して針路，距離などを求めるための補助的役割が大きい。

しかし，大圏図上でも接点から同一距離にある点の拡大率は同じなので，接点を中心として大圏が図上の子午線と重なるまで回転すれば，その子午線の長さから距離を知ることができる。また補助図表を用いれば大圏方位を求めることができるが，多少手順が面倒なうえに精度も漸長図より劣る。

海図の縮尺

問題　7　海図の縮尺について説明せよ。

解答　地球上における実際の長さと，図上に表わされたその長さの割合を縮尺といい，これを分子を1とした分数で表わして**縮尺分数**という。

平面図では図中どこでも同一縮尺と考えてよいが，漸長図では高緯度ほど図が拡大されているので，同じ図でも緯度により縮尺が変るわけで，一般に図載の中央緯度における縮尺で代表させている。

大尺度の海図とは，縮尺分数の大きなもの，すなわち，分母の小さいものをいう。縮尺5万分の1の海図は大縮尺，100万分の1は小縮尺といえる。

平面図上の位置表示法

問題　8　距離尺だけ知れている平面図上に経度のみ知れている点を記入する方法を説明せよ。

解答　平面図には，図の周囲に緯度・経度目盛を記さずに，図中の実測点と距離尺だけが与えられているものがある。

***1*　緯度線の記入**

図中の実測点の緯度と記入しようとする点の緯度を比較して緯差を求め，これを海里単位の距離尺を用いて，実測点から測れば緯度が得られる。

***2*　経度線の記入**

実測点と記入しようとする点の経差を求めこれにcos（緯度）を乗じて東西距を算出する。東西距を距離尺によって実測点から測れば，記入すべき点の経度線の位置が得られる。

また，作図により図4.1のように経差から，東西距を求める方法もある。

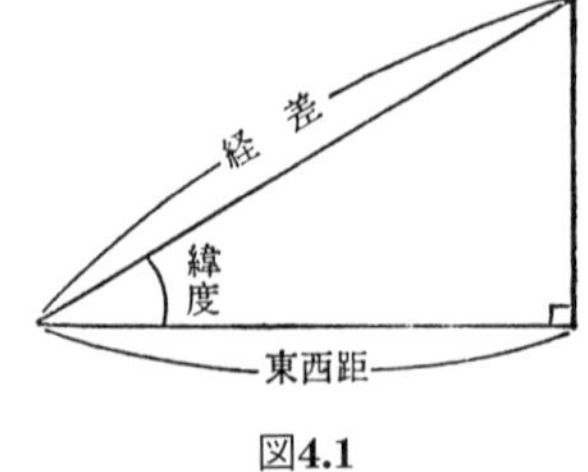

図4.1

海　図　図　式

問題 9　次の海図図式を説明せよ。

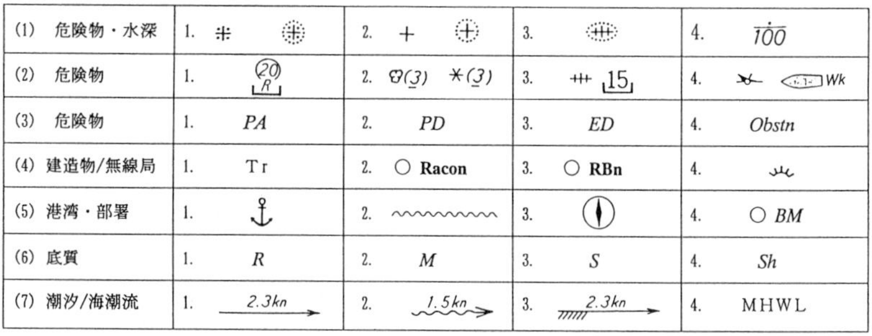

(1) 危険物・水深	1. ⁜ (⁜)	2. ＋ (＋)	3. (+++)	4. $\dot{\overline{100}}$
(2) 危険物	1. (20) R	2. ✿(3) ✱(3)	3. +++ 15	4. Wk
(3) 危険物	1. *PA*	2. *PD*	3. *ED*	4. *Obstn*
(4) 建造物/無線局	1. Tr	2. ○ **Racon**	3. ○ **RBn**	4.
(5) 港湾・部署	1. ⚓	2. 〰〰〰	3.	4. ○ *BM*
(6) 底質	1. *R*	2. *M*	3. *S*	4. *Sh*
(7) 潮汐/海潮流	1. *2.3kn* →	2. *1.5kn* →	3. *2.3kn* →	4. MHWL

図4.2　海図図式

解答 (1)　1.　洗岩（最低水面に洗うもの）［注］点線の丸囲みは存在を目立たせたもの

2.　暗岩（航行に危険なもの）　［注］点線の丸囲みは存在を目立たせたもの

3.　危険全沈没船（沈船上の水深が20m より浅いもの）

4.　100m の錘測索で海底に達しなかったことを示す。

(2)　1.　水深20m の暗礁　2.　干出の高さ 3 m

3.　沈船上を15m で掃海し異状がなかったことを示す

4.　船体の一部を露出した沈船

(3)　1.　位置決定の精度が悪いもの

2.　種々の位置に報告され，明確に決定できないもの

3.　存在が疑わしいもの　4.　障害物

(4)　1.　塔，やぐら　2.　レーダビーコン（レーコン）

3.　無線標識局　4.　レーダ反射器（リフレクタ）

(5)　1.　錨地　2.　海底線（電信・電話等）

3.　パイロットステーション　4.　基本水準標

(6)　1.　岩　2.　泥　3.　砂　4.　貝殻

(7)　1.　2.3ノットの下げ潮流（大潮期の最強流速）　2.　海流一般（流速を付記）

3.　2.3ノットの上げ潮流（大潮期の最強流速）

4.　平均高潮間隔

測 定 の 基 準 面

問題 10　下記の諸項目の海図図式に定められた表示上の基準について述べよ。
(1)　地標の高さ　(2)　水深　(3)　干出岩　(4)　潮高　(5)　岸線

解答　図3. 3参照。(1)　平均水面よりの高さ　(2)　最低水面よりの深さ　(3), (4), 最低水面上の高さ　(5)　最高水面における水陸の境

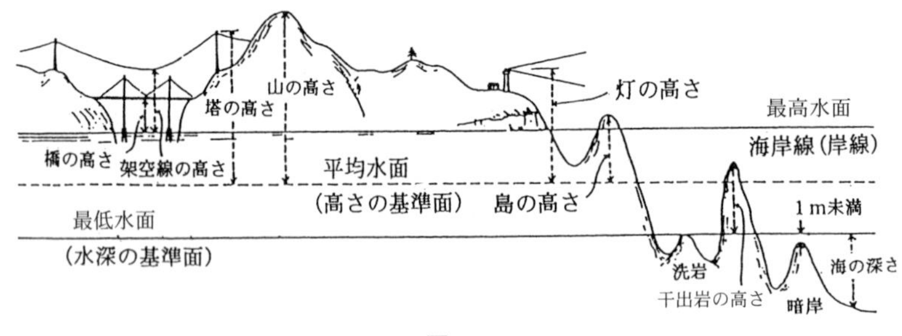

図4.3

海図記載の水深値

問題 11　入港当日の港の水深が海図記載値より浅くなることがあるかどうかを知るには，どうすればよいか。

解答　潮汐表により，当日，当該港潮時，潮高を調べ，潮高の項（欄）にマイナス（－）が記されていれば海図記載の水深より浅くなることがわかる。

干出岩，洗岩，暗岩

問題 12　干出岩，洗岩および暗岩を説明せよ。

解答　問題9　図４．３参照。

1　干出岩

岩頂が最低水面から最高水面までの間にある岩を干出岩という。潮汐の干満により，海面が最低水面まで下がったとき，水面上に現れるので，特にこれを最低水面からの高さで測り，干出何メートルといって数字の下に横線を引いて示す。

2　洗　岩

海面が最低水面まで下がったときに，岩頂が水面に洗う岩をいう。

***3*　暗　岩**

海面が最低水面まで下がっても，岩頂が水面に露出しない岩をいう。

架空送電線等の高さ

問題　13　海図に記載された架空送電線や橋の高さの基準を述べよ。

解答　架空送電線は，最高水面から懸垂部の最低部分まで，橋の高さは，最高水面から橋梁の下面まで（橋梁下のクリアランス）を示している。

海図の精度の見極め

問題　14　入手した海図が，信頼できる海図であるか否かを判断する方法を述べよ。

解答　海図標題に記載されている測量年月日，出所から海図の精度の概要を知ることができる。

海図最新維持手段

問題　15　海図記載の内容を現状と一致させておくためにとられている手段をあげて説明せよ。

解答　海図刊行後の内容の変化を補うための方法を**最新維持手段**といい，改版，再版及び改補がある。

***1*　改　版**

現在刊行されている海図が，新資料によって内容を改版するか，または，海図の図積，記載区域，縮尺等を変更するために原版を新しく作りなおすことをいう。改版の場合，旧版は廃版されるので新版を購入する必要がある。

***2*　再　版**

原版が摩耗して印刷不能になった場合，印刷原版を作りなおすことを再版というが，この際，航海に直接影響しない事項は通報なしで手直しされることがある。

***3*　改　補**

海図刊行後に生じた記載内容の変化を主として航海者の手で加除訂正するもの。（問題16参照）

改補状況の確認

問題 16 改補が確実に行われているか，何を見て判断するか述べよ。

解答 ① 海図欄外左下の通報項数の番号を確認する。

② 海図裏面の「水路通報○○年○○号まで改補済」の押印を確かめる。

主な海図刊行国

問題 17 全世界を覆う海図を発行している国名をあげよ。

解答 米国（NGA 海図，NOAA/NOS 海図）および英国（BA 海図）で，それぞれ約4500版および3300版が刊行されている。

水路通報

問題 18 水路通報(インターネット(PDF 版)および冊子)について述べよ。

解答 ***1*** 水路通報（インターネットでの掲示（PDF 版）および印刷物）

(1) 海上保安庁海洋情報部が発行している刊行物である。

(2) 日本文および英文（Notices to Mariners）で作成され，毎週金曜日付けで発行されている。

(3) 海洋情報部ホームページ上において，水路通報の PDF 版が提供され，海図番号，PDF 版水路通報の号数，航行警報の検索が容易になっている。

(4) 水路通報の目的は次のとおりである。

① 水路図誌刊行後に変化した航海保安に影響のある事項を船舶に周知する。

② 既刊水路図誌の訂正用の資料。

〔注〕 2008年（平成20年）10月以降，インターネットによる水路通報（PDF 版）は従来の印刷物と同じ内容で情報の提供が行われている。

紙の印刷物による水路通報は，掲載内容を縮小し，小改正および水路通報索引に限定して提供されている。

2 航行警報

水路通報で周知するのに時間を要し，船舶交通の安全のために緊急に情報を提供する必要がある場合に行われるものをいう。

(1) 日本航行警報

太平洋，インド洋（ペルシア湾，紅海を含む）を航行する船舶に行われる日本語による警報である。

(2)　NAVAREA 航行警報

世界航行警報業務に基づく，第ＸⅠ区域における一般航洋船を対象とした英語による警報である。

(3)　NAVTEX 航行警報

沿岸300海里以内を航行する船舶に対し，世界共通の周波数（国際 NAVTEX　518kHz，日本語 NAVTEX424kHz）を使用し，船内の専用受信機とプリンタで直接印刷電信する方式で送信される警報である。

(4)　管区航行警報・保安部航行警報

管区海上保安本部および保安部から日本沿岸を航行する船舶に対して行われる警報である。

水路通報の内容

問題　19　水路通報にはどのような内容が記載されているか。

解答　水路通報には次のような事項が掲載されている。

① 航路標識の設置・廃止・移設
② 岸線，水深，施設などの変化
③ 航海目標となる地物の変化
④ 海上危険物（暗礁・沈船）の発見
⑤ 海潮流の観測結果
⑥ 海上での訓練・演習等

海図改補の種類

問題 20　海図改補の種類をあげて説明せよ。

解答　改補は，通報事項の性質や信頼度等により永続的なもの（**小改正**）と**一時的な改補**とがある。

改補の種類	対象	紙海図／電子海図	根拠	改補の方法
小改正	事象（通報事項）が永続するもの	紙海図	水路通報（一時関係・予告を除く）	イ）手記による訂正（インクによる記入） ロ）補正図の貼り付け
		ENC	電子水路通報（ER）による更新情報	イ）（財）日本水路協会ホームページ上の「ENC SUPPORT」からダウンロード（無料）してインストールする。 ロ）（財）日本水路協会から入手したCD-ROM（有料）に収録された情報によりECDIS内のデータベースを自動的に書き換え
一時的な改補	事象（通報事項）が一時的なものまたは予告	紙海図	水路通報のうち一時関係・予告	手記による訂正（鉛筆による記入）
		ENC	電子水路通報（ER）による更新情報	ダウンロードした一時通報データにより，自動的に書き込みまたは消去

海図改補実施上の注意

問題 21　航海者が海図の改補を実施する際の注意を述べよ。

解答　***1***　**小改正（永続的なもの）実施上の注意**

1.　**手書き**による加除訂正は，通報記事を熟読理解したうえで，海図図式に則り赤インクで端正に仕上げること。

2.　**補正図**の貼付による改補は，図載内容を比較しながら，紙の伸縮度合いを調整して図が正しく連続するようにする。

3.　小改正実施後，**改補の記録**としてその頁数を海図欄外左下に記入し，その海図に関する改補に遺漏がないかどかを調べる。

2　**一時的な改補についての注意**

1.　水路通報の一時関係，予告及び項外の通報事項ならびに航行警報の内容はペン書きせずに鉛筆で記入し，後日，水路通報の本告示になった時に正式にペン書きするようにする。

2. **一時関係告示（T）**は，有効期間も添記しておく。

3. **予告告示（P）**は，航海上重要な事項を事前に周知させることが多く，また航行警報は緊急なものが多いから，インクによる改補は行わないが，鉛筆で見落しのないよう記入しておく。

4. 水路通報第Ⅱ部に掲載される通報事項は，①短期間で消滅するもの ②資料不十分であるもの ③予告的に緊急に概要を知らせるもの ④安全との関連は少ないが，参考に周知するものが含まれるので必ず目をとおしておく必要事項を鉛筆で記入しておく。

航海用電子海図（ENC）

問題 22 航海用電子海図（ENC）とは何か。

解答 航海用電子海図（ENC : Electronic Navigational Chart）とは，紙海図に記載されている内容とそれに関連する情報をデジタル的に編集し，CD-ROM（光ディスク）等の電子媒体に収録したデータベースのことをいう。

電子海図表示システム（ECDIS : Electronic Chart Disply and Information System）と呼ばれる装置のディスプレイ上で，海図情報と自船の位置およびレーダ映像などの航海に必要な各種の情報とを重ね合わせて使用する。

ラスター海図およびベクトル海図

問題 23 航海用電子海図（ENC）における，ラスター海図およびベクトル海図とはどういうものか。

解答 航海用電子海図（ENC）は，作成される過程およびデータ構造の相違により，ラスター海図，ベクトル（ベクター）海図の2種類に分類される。

ラスター海図（RNC）とは，紙海図をそのままデジタル画像化（複製）したもの。

ベクトル海図とは，対象物（航路標識，岸線，水深など）を点，線，面ごとにデジタル的に分解，編集し，必要に応じて表示させる型式のもの。

いずれも公式の電子海図として取り扱われるが，一般に航海用電子海図（ENC）とは，後者のベクトル海図のことを指す。

セル（CELL）

問題 24 航海用電子海図（ENC）における，セルと何か。

解答 セル（cell）とは，ENCの電子データにおいて，一定の緯度，経度の区域毎にファイル化されたデータの最小単位のことをいう。一般財団法人日本水路協会から，ライセンス制で使用する権限が提供されている。

利用者は，一般航海，沿岸航行，アプローチなど6種類の航海目的毎に，必要とするセルを水路図誌目録添付のセル索引図若しくは海洋情報部ホームページ上の電子海図カタログ一覧（セル一覧）で，確認する必要がある。

海図選定上の注意

問題 25 沿岸航海に使用する海図を選ぶ場合の注意事項をあげよ。

解答 水路図誌目録には海洋情報部刊行の全海図の図積，図載範囲，縮尺，刊行年月日などが掲載されるから，これを参照にして希望に適する海図を選ぶとよい。

1 最新版のものを選ぶこと。

2 海図欄外に記された小改正の履歴および海図裏面に押印された改補完了日付を調べて，改補の完全なものを選ぶこと。

3 できるだけ大縮尺の海図を用いること。

4 必要に応じて外国版の海図も利用すること。

海図取扱い上の注意

問題 26 海図取扱い上の注意を述べよ。

解答 ***1*** **整理，格納上の注意事項**

1. 海図机に格納するときは平らにおくこと。全紙版以上のものでも2つ以上に折らないこと。
2. 使用に便利なように，海図番号順または航路に必要な順に重ねて整理すること。
3. 重ねて格納するときは，1区画20枚程度を限度とすること。
4. 風雨にさらしたり，過度の湿気を持たさぬこと。
5. 持ち運ぶ際には折りたたまずにゆるく捲くほうがよい。

2　海図作業を行なう上の注意事項

1. 海図上に記入する事項は針路，船位，その他の必要最小限にとどめ，無用な線や文字は書かないこと。
2. 鉛筆は柔らかいもの（2B～4B），消しゴムは良質のものを使用すること。
3. デバイダやコンパスなどで海図に孔をあけないよう注意すること。
4. 定規一対，デバイダ，鉛筆，消ゴム，文鎮などの用具を整え，一定の場所にきちんと整頓しておく習慣をつけること。

水　路　誌

問題　27　水路誌とは何か。

解答　水路誌とは，海の案内記で，記載内容が，総記・航路記・沿岸記・および港湾記に区分され，これに加えて航空写真，対景図，レーダ映像図，諸表が多く載せられている。

海上保安庁が刊行する国内水路誌は，本州南東岸水路誌，本州北西岸水路誌，瀬戸内海水路誌，北海道沿岸水路誌および九州沿岸水路誌の5分冊があり，いずれも和文および英文によって刊行されている。

海上保安庁による国外の水路誌は，太平洋（日本周辺海域を除く）・インド洋および付近諸海域を含む水路誌は，現在，刊行されていない。

〔注〕　従来刊行されていた太平洋・インド洋および付近諸海域を含む水路誌は，11版刊行されていたが，2021年（令和3年）3月までにすべて廃版となった。国外の水路誌が包含していた海域の水路誌（南シナ海，マラッカ海峡，中国・台湾沿岸，ペルシア海湾等）および他の諸外国の水域については，米国版（NGA）および英国版（BA）の水路誌（Sailing Directions）等を使用する必要がある。

航　路　誌

問題　28　航路誌とは何か。

解答　航路選定の参考となる書誌で，気象・海象の概況とともに一般船舶がとる標準的な航路が具体的に記されている。

近海航路誌と大洋航路誌がある。近海航路誌は，近海区域を航行する船舶を対象とした標準航路を示した書誌である。

大洋航路誌は，太平洋，インド洋，大西洋にわたる主要港間の標準航路やその航路で遭遇する気象・海象の概況が記されている。

特殊書誌

問題 29 特殊書誌とはどのようなものか。

解答 特殊書誌（Special Publications）は，水路書誌から水路誌を除外した各種の書誌類の総称であり，次のような書誌類を包含している。

① 水路図誌目録
② 大洋航路誌および近海航路誌
③ 灯台表
④ 潮汐表
⑤ 距離表
⑥ 天測暦
⑦ 天測計算表
⑧ 水路図誌使用の手引

〔注〕 海上保安庁が刊行する「天測歴」及び「天測計算表」は，令和4年（2022）版を最後に廃版となっている。

灯台表

問題 30 灯台表にはどんな事項が記載されているか。

解答 ***1* 灯台表の構成**

灯台表は掲載区域により次の2巻に分冊されている。

1. 第1巻 北海道，本州，四国，九州各沿岸および南西諸島
2. 第2巻 シベリア東岸，千島，樺太，朝鮮半島，中国，台湾，ベトナム東岸，マレー半島，マリアナ諸島，カロリン諸島，マーシャル諸島，フィリピン諸島，オーストラリア東岸・北岸など

***2* 記載内容**

灯台のみならず浮標，立標，船舶通航信号所，すべての航路標識の正式名称，位置，要目，構造および業務内容などを収録したもので，その他に関連法規や注意事項も詳細に記されている。

水路図誌目録

問題　31　水路図誌目録を説明し，その用途を述べよ。

解答　*1*　**水路図誌目録の概要**

水路部が刊行するすべての海図，水路書誌の一覧表で，番号，図載区域，縮尺，図積，価格，刊行年月日などが記されている。

2　**用　途**

1.　図誌購入の際のカタログ
2.　現有図誌を最新版に整備する際の比較資料
3.　航路別や使用順に海図や書誌を整理する場合の手引き
4.　電子海図（ENC）のセル番号の確認

水路書誌の改補

問題　32　水路書誌の最新維持はどのように行なわれているか説明せよ。

解答　改版とは最新資料により，記載事項を全面的に改訂，刊行することで，追補（追加表）とは当該書誌の記載事項を加除訂正するためのものである。改版以外に最新維持が必要なものは水路誌，灯台表，水路図誌目録が主なものであり，水路誌は追補として，灯台表は追加表として海上保安庁海洋情報部ウェブサイト上でPDF版により提供される。

1　**水路誌**

国内水路誌では5年毎に改版されている。次の刊行までの間，水路通報によって改補された事項その他の資料から水路誌に準じて作成したものを水路誌追補といい，水路誌と併用する。

2　**灯台表**

灯台表の改版は第1巻が2年毎，第2巻では4年毎である。追加表は，第1巻は毎月，その他は2ケ月毎に刊行され，灯台表の記載内容と変更のあった事項をまとめている。したがって，まず追加表を調べてから灯台表を見ればよい。

3　**水路図誌目録**

毎年1回改版される。小改正は水路通報（インターネット（PDF版）および冊子）により行う。

第５章　潮汐，潮流および海流

潮汐とその原因

問題　1　潮汐とその原因について述べよ。

解答　***1***　潮汐とは，海面の緩慢な周期的昇降をいい，普通，その昇降は１日約２回（約12時間25分周期）であるが，場所によっては１日１回の所もある。潮汐の中には，このほかに数日とか，半年，１年を周期とするものもあるが，各港湾に特有な数分～数十分周期の昇降は潮汐として扱わない。

2　**潮汐の起る原因**

1.　天文潮

天体の引力によってひき起される潮汐であるが，特に月と太陽の引力が主な原因でそれらの引力が地球上の場所によって違うために，海面に高低が生ずるのである。すなわち，天体直下にあたる地点およびその裏側で起潮力は最大となり，これらの点から90°離れた地点で最小となる。月の起潮力は太陽の２倍以上あるので，潮汐の諸現象は月を基準として説明されることが多い。

2.　気象潮

風雨，気圧，気温などの変化によって生ずる海面の異常昇降で，規則正しい周期性はない。

潮　汐　用　語

問題　2　潮汐に関する下記用語を説明せよ。

(1)　高潮，低潮

(2)　上げ潮流，下げ潮流，憩流

(3)　潮時，潮高，潮差

解答　***1***　**高潮および低潮**

潮汐により普通１日に２回海面が昇降するが，海面が最も高まるときを高潮（満潮）といい，最も下降したときを低潮（干潮）という。

2　上げ潮，下げ潮および停潮

海面が高まりつつある状態，すなわち，低潮から高潮にいたる間に最強となる方向の潮流を上げ潮流といい，海面が下降していく状態，すなわち，高潮から低潮にいたる間に最強となる方向の潮流を下げ潮流という。また，高潮または低潮の前後では海面の動きが極めて緩慢で，停止する（流速がゼロとなる）状態を憩流という。

3　潮時，潮高および潮差

高潮，低潮となる時刻を高潮時，低潮時といい，合わせて潮時と呼ぶ。

最低水面から測った水面の高さを潮高といい，波浪，うねりなど短周期の変動を除いたものである。

相次ぐ高潮面と低潮面の高さの差を潮差という。

月　潮　間　隔

問題　3　月潮間隔とは何か。

解答　起潮力は月の高度が最大になったとき，すなわち，月がその地の子午線に正中したとき最大となるが（問題1参照），その地が高潮となるのは，海水の慣性，粘性，摩擦等の物理的性質および海陸の分布，水深等の影響のため時間的に遅れを生ずる。

月がその地の子午線に正中してから，その地が高潮となるまでの時間を**高潮間隔**，低潮となるまでの時間を**低潮間隔**といい，両者を総称して月潮間隔という。

月潮間隔は大潮，小潮では平均値とほぼ等しいが，1朔望月を周期として変化するので，高潮間隔および低潮間隔を長期にわたり平均したものを**平均高潮間隔**（**M.H.W.I**）および**平均低潮間隔**（**M.L.W.I**）という。

また，朔望の高潮間隔を平均したものを**朔望高潮間隔**といい，これらは各港湾ごとにほとんど一定した値をもつものである。朔望高潮間隔は平均高潮間隔より20〜40分長いのが普通である。

大　潮・小　潮

問題　4　大潮および小潮について説明せよ。

解答　***1***　**大潮，小潮**

相次ぐ高潮面と低潮面の高さの差，すなわち潮差は月の位相に関連して変化するもので，朔または望の１～２日後に極大となり，上弦または下弦の１～２日後に極小となる。

潮差が極大となったときを大潮といい，極小となったときを小潮という。

2　**大潮，小潮の起る原因**

朔または望には，図５．１のように，月と太陽と地球が一線に並ぶので，月と太陽の起潮力の方向が一致するので，潮汐は最大となるが，上弦または下弦には，月と太陽が地球に対し直角になるので，両者の起潮力が互に打消し合う結果となり，潮汐は最小になる。

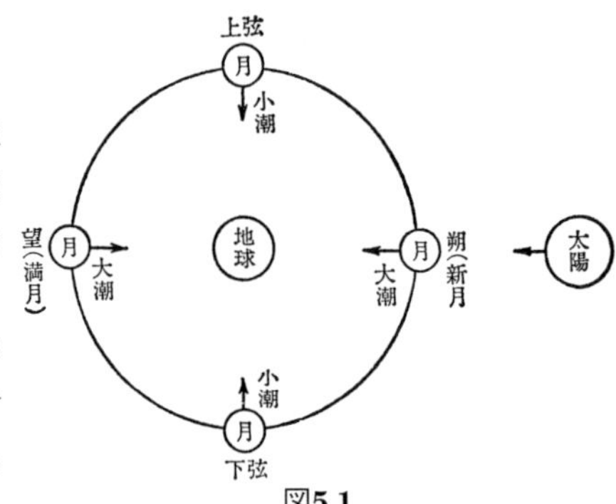

図5.1

3　**潮　令**

起潮力は上で述べたとおり，朔望のとき最大となるが，実際に大潮となるのは多少遅れがあり，これを日数単位で表わしたものを潮令という。日本沿岸では１～２日が普通である。

4　**大潮升と小潮升**

水深の基準面から大潮の平均高潮面までの高さを大潮升，小潮の平均高潮面までの高さを小潮升という。

日　潮　不　等

問題　**5**　日潮不等について述べよ。

解答　***1***　**日潮不等の意味**

相次ぐ２回の高潮および相次ぐ２回の低潮は同一の日であっても必ずしも同じ高さでなく，また同じ月潮間隔では起らず，実際には差があるのが普通であり，これを日潮不等という。相次ぐ２回の高潮のうち，高いほうを**高高潮**，低いほうを**低い高潮**といい，２回の低潮のうち低いほうを低低潮，高いほうを**高い低潮**という。

日潮不等の非常に顕著な場合には，低い高潮および高い低潮がほとんど消滅して１日１回の高潮および低潮だけみることがあり，これを**１日１回潮**という。

2　日潮不等の起る原因

日潮不等は月の赤緯に関連して起るもので，月が赤道にあるときには一般に日潮不等は小さく，これを**分点潮**という。しかし，図５.２のように月の赤緯が大きくなると，O点における起潮力は，極上正中時と極下正中時の差が大きくなり，その結果日潮不等も大となる。月が南北回帰線付近に来たとき日潮不等は極大となり，このときの潮汐を**回帰潮**という。

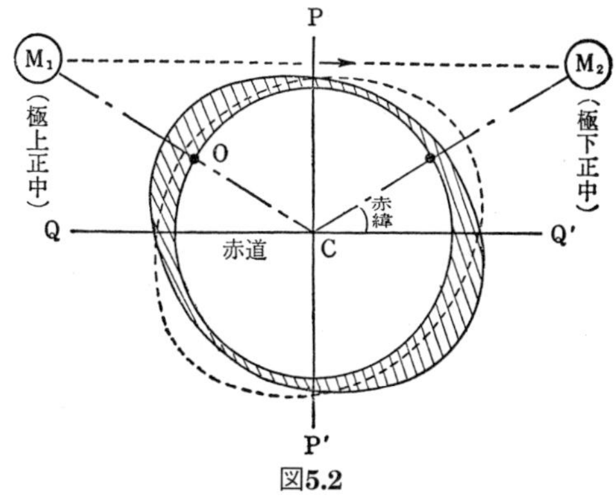

図5.2

近地点潮・遠地点潮

問題　6　近地点潮および遠地点潮について説明せよ。

解答　起潮力は天体の引力により生ずるものであるから，当然天体の距離が影響し，距離の３乗に反比例する。したがって，月が近地点にあるときの潮差は大きくこれを近地点潮といい，遠地点にあるときは潮差が小さくこれを遠地点潮という。

潮汐表には近地点潮をP，遠地点潮をAの記号で示してあるが，月の距離変化による潮差の変化は，月の位相変化により生じる潮差の変化に比べて小さいのが普通である。

春 秋 二 大 潮

問題　7　春秋二大潮を説明せよ。

解答　大潮の潮差を１年間通じて比較してみると差がある。春秋の朔望のころは，月と太陽がともに赤道付近にあるので，月と太陽の起潮力が立体的にも一線に作用し，しかも赤緯が小さいので日潮不等は小さく，潮差は夏冬の大潮に比してより大きい。このため，春分，秋分の頃の大潮を特に春秋二大潮という。

ただし，日潮不等の大きい地方では，日潮不等の現象のため，必ずしも，春秋の大潮のとき潮差が最大にならない所もある。

潮汐表の使用法

問題 8 潮汐表の使用法を説明せよ。

解答 1 潮汐表の構成

日本および付近における標準港の毎日の潮時，潮高および主要瀬戸の潮流の予報値，標準港以外の場所に対する改正数・非調和常数，地名索引等が収録されている。

2 使用法

潮汐表には，主要港の毎日の潮時・潮高が掲げられているが，これらの港を**標準港**という。

標準港以外の港の潮汐は，標準港の潮時・潮高を基準として，その値に改正を行なって求めるが，そのための改正数を各巻の後半に掲げてある。（問題9参照）

港は地域別に配列されているが，巻頭の一覧図のほか，巻末の索引を利用すれば便利である。

潮流については，標準港の潮汐に続いて，潮流の激しい瀬戸の毎日の流向，最強流速，転流時が掲げられている。また，潮流の強い水道に適当な点を定め，それらの点における潮流の潮時，流速を標準地点に対する改正値により求められるようになっている。

これまで刊行されていた「第2巻」は廃版となり，第2巻に集録されていた海域における潮汐は，海上保安庁のサイトから関係国のサイトに誘導され，閲覧および確認が可能である。

標準港以外の潮時・潮高算則

問題 9 標準港以外の港の潮時・潮高を求める方法を説明せよ。

解答 1 求めようとする港が標準港の中に見出せなかったら，巻末索引を利用して同表後半からその港に対する標準港名と改正数（潮時差・潮高比）を求める。

2 次に標準港に対する当日の潮時・潮高を求める。

3　改正数のうち，**潮時差**は標準港とその港の高潮時の差であるから，標準港の潮時に符号どおり加減すれば，その港における高低潮時が得られる。

4　**潮高比**は，標準港の潮高に対する比率を示すものであるから，標準港の潮高に掛ければ，その港の潮高が得られる。

〔注〕 潮高の計算は厳密には次式による。

〔標準港の潮高－標準港の Zo〕×潮高比＋その地の Zo

ただし，Zo は水深の基準面から平均水面までの高さ

標準港以外の潮時・潮高算法

問題　10　下記の潮汐表抜粋を用いて8月27日の銚子（新地）における潮時・潮高を求めよ。

8月27日　小名浜

時　刻 Time	07^h—23^m	16^h—05^m	19^h—11^m	23^h—32^m
潮　高 Ht	40cm	121cm	119cm	127cm

番号 No.	地名 Place	改正数 corr. 潮時差 Diff.	改正数 corr. 潮高比 Ratio	平均高潮間隔 M.H.W.I.	平均低潮間隔 M.L.W.I.	大潮升 Sp.R.	小潮升 Np.R.	平均水面 M.S.L.(Zo)
		h m		h m	h m	m	m	m
			（標準時　S. T. ：9hE）					
			標準港：小名浜 **on Onahama p.27**					
158	小　名　浜	0　0	1.00	4 23	…	1.3	1.0	8.84
	銚　子							
162	新　地	+0 25	0.84	4 47	…	1.1	1.0	0.74
163	夫婦ケ鼻	+0　5	0.93	4 26	…	1.2	1.0	0.80

解答

	低　潮	高　潮	低　潮	高　潮
小名浜の潮時	07^h—23^m	16^h—05^m	19^h—11^m	23^h—32^m
潮　時　差	＋　25	＋　25	＋　25	＋　25
銚子の潮時	07^h—48^m	16^h—30^m	19^h—36^m	23^h—57^m
小名浜の潮高	40cm	121cm	119cm	127cm
潮　高　比	× 0.84	× 0.84	× 0.84	× 0.84

銚子の潮高	34cm	102cm	100cm	107cm

〔注〕 潮高の計算は厳密には次のように行なう。

小名浜潮高	40cm	121cm	119cm	127cm
小名浜のZo	− 84	− 84	− 84	− 84
	(−) 44	37	35	43
潮高比	×0.84	×0.84	×0.84	×0.84
	(−) 37	31	29	36
銚子のZo	+ 74	+ 74	+ 74	+ 74
銚子の潮高	37cm	105cm	103cm	110cm

任意時の潮高

問題 11 下記の潮汐表抜粋により，神戸港における8月16日午前10時の潮高を求めよ。

8月16日 神戸

時　刻 Time	00ʰ—02ᵐ	05ʰ—32ᵐ	12ʰ—33ᵐ	19ʰ—17ᵐ
潮　高 Ht	119cm	156cm	11cm	166cm

解答 概略の潮高は時刻の間を直線的に比例計算してもよいが，正確には**潮汐表巻末の「任意時の潮高を求める表」**を利用して，次のように計算する。

1 表の使用法

所要時の前後における高低潮時の差をAとし，低潮時から所要時までの時間をBとして表値を求め，これを高低潮の高さの差に乗ずれば，所要時における低潮面からの潮高が得られる。相次ぐ高低潮の差が8時間以上あるときには，AおよびBをそれぞれ1/2にして表値を求めればよい。ただし，この場合における誤差は相当に大きい。

2　任意時の潮高算法

所要時直前の高潮	：05ʰ 32ᵐ	高潮の高さ	：156cm
〃　直後の低潮	：12　33	低潮の高さ	：11（－
高低時の差（A）	：7　01	低高潮の差	：145
		表　値	：0.29（×
所要時	：10ʰ 03ᵐ	低潮面からの高さ	：42
低潮時	：12　33	低潮の高さ	：11（＋
潮時差（B）	：2　33	所要時の潮高	：53cm
表　値	：0.29		

標準地点以外の潮流算法

問題　12　浦賀水道第３号灯浮標付近における４月８日の潮流を求めよ。ただし，潮汐表の関連事項は下表のとおりである。

４月８日　東京湾湾口（＋北西流：－南東流）

転流時		00ʰ—43ᵐ	06ʰ—31ᵐ	13ʰ—09ᵐ	19ʰ—49ᵐ
最強	時刻	03ʰ—53ᵐ	09ʰ—40ᵐ	16ʰ—36ᵐ	22ʰ—11ᵐ
	流速(Kt)	＋1.1	－1.7	＋1.5	－0.9

番号 No.	場所 Place	流向（真方位） Dir (True)	潮時差 Diff. 転流時 Slack	潮時差 Diff. 最強時 Max.	流速比 Ratio	大潮の流速 Spring Vel. 平均 Mean	大潮の流速 Spring Vel. 最強 Max.
		°	h m	h m		kt	kt
			（標準時　S. T.　:9hE）				
	東京湾		標準地点：東京湾湾口 p.123				
1112	浦賀水道３号	320	－0 40	－0 40	0.7	0.9	1.2
	灯浮標付近	140	－0 40	－0 40	0.7	0.9	1.2

解答　潮汐表の巻末には，標準港以外の港の潮汐の改正値表につづいて，日本沿岸の潮流の激しい水道の標準地点以外の諸点における潮流を求めるための改正値表が掲げられている。

標準地点の潮流の要素は毎日の値が掲げられているので，潮汐の場合に準じて，潮時差および流速比を改正を行えばよい。

標準地点の転流時	00ʰ—43ᵐ	06ʰ—31ᵐ	13ʰ—09ᵐ	19ʰ—49ᵐ
潮　時　差	−　40	−　40	−　40	−　40
所要点の転流時	00ʰ—03ᵐ	05ʰ—51ᵐ	12ʰ—29ᵐ	19ʰ—09ᵐ
	北西流	南東流	北西流	南東流
標準地点の最強時	03ʰ—53ᵐ	09ʰ—40ᵐ	16ʰ—36ᵐ	22ʰ—11ᵐ
潮　時　差	−　40	−　40	−　40	−　40
所要点の最強時	03ʰ—13ᵐ	09ʰ—00ᵐ	15ʰ—56ᵐ	21ʰ—31ᵐ
標準地点の最強流速	1.1	1.7	1.5	0.9
流　速　比	×　0.7	×　0.7	×　0.7	×　0.7
所要点の最強流速	0.8**kt**	1.2**kt**	1.1**kt**	0.6**kt**

上げ潮流と下げ潮流

問題　13　上げ潮流，下げ潮流とは，何か。

解答　上げ潮流とは，低潮時から高潮時の間に流速が最強となる方向の潮流をいい，下げ潮流とは，高潮時から低潮時の間に最強となる方向の潮流をいう。

主要水道の最強流速

問題　14　瀬戸内海における次の水道の最強流速および下げ潮流の流向を述べよ。

(1)　来島海峡　(2)　関門海峡　(3)　明石海峡

解答

(1)　約10ノット，北流
(2)　約９ノット，東流
(3)　約７ノット，東南東流

潮流の流向

問題　15　潮流の流向を表す際，東流とは，どちらからどちらに流れるか。

解答　西から東に向かって流れる潮流をいう。
※ちなみに，東風とは，東から吹く風をいう。

潮流の海図上の表現

問題　16　海図上で，上げ潮流，下げ潮流はどのように表現されているか述べよ。

解答　上げ潮流，は矢羽をつけた記号で，下げ潮流は矢印だけの記号で表されている。（第3章問題9(7)参照）

〔注〕潮汐表には，上げ潮流には＋記号を，下げ潮流は－記号を付して表している。

日本近海の海流情報

問題　17　日本近海の海流の最新状況を知るためにはどのようなものを参考するか。

解答　①　海洋速報：海流図，黒潮詳細情報，表面水温等温線図など，海流の現況を通報する。土日祝日，年末年始を除く毎日提供される。
②　海流推測図：毎週金曜日に海洋速報が発行されない日における日本近海の主要な海流の位置を推測して提供される。
いずれも海洋情報部ホームページ上で閲覧可能である。

北太平洋の亜熱帯環流（大環流）

問題　18　北太平洋の亜熱帯環流（大環流）を形成している主要海流名を4つあげ，環流の概要を述べよ。

解答　主要海流として，黒潮，北太平洋海流，カリフォルニア海流，北赤道海流がある。それぞれの概要は以下のとおりである。

***1*　北赤道海流**

北東貿易風によりほぼ北回帰線から赤道までの海域を西流する海流である。流速は0.5～1ノット，西行につれ速さを増す。源泉はカリフォルニア海流からの西流で，ミンダナオ島（フィリピン）に達し，一方は黒潮に，他方はミンダナオ東岸を南下し，赤道反流に連なる。

***2*　黒潮**

台湾南東部で北赤道海流から分かれ，沖縄北西海域（流速２～2.5ノット）から日向灘・四国沖を東流，潮岬沖で陸岸に最接近し，幅200km（流速３～４ノット）となり，さらに遠州灘沖から三宅島・御蔵島間を通って房総沖に出る。房総沖からは黒潮続流として真東に流れ，次第に勢力は減じる（流速１ノット）。また，一部は北東に流れ，親潮と境を接する。

3　北太平洋海流

北緯40°～50°の西風帯を東流するものをいう。随所で小枝を南方に出し，北赤道海流の北辺と境を接する。本流は北米西岸に達し，南転してカリフォルニア海流に連なる。

4　カリフォルニア海流

北太平洋海流が，北米西岸に突き当たり，南下してメキシコと中央アメリカ沖から南西流から西流となり，北赤道海流に合流する。水温が低く，北米西岸の海霧の原因となる。

赤道付近の海流

問題　19　太平洋における赤道付近の海流の名称を３つあげ，それぞれの流向を述べよ。

解答　①　北赤道海流，流向　西

②　赤道反流，流向　東

③　南赤道海流，流向　西

④　ペルー海流，流向（赤道付近では）北西～西

第6章　地文航法

推測位置と推定位置

問題　1　推測位置と推定位置について述べよ。

解答　*1*　推測位置（Dead Reckoning Position）

起程点から船が航走した針路と航程だけによって算出した位置で，海潮流の影響などを考慮していない位置である。

***2*　推定位置（Estimated Position）**

推測位置と真位置に差を生ずる原因を検討し，航走中に受けた風浪，海潮流の影響，針路および航程の誤差などを推定して推測位置を修正したものを推定位置という。船位に影響する要素のすべてを正確に見積ることはできないから，真位置と合致することは少ないが，実測位置が求められない限り，最も確率の高い船位と考えてよい。

推測位置の誤差原因

問題　2　推測位置が真位置と相違する原因をあげよ。

解答　*1*　起程点の誤差

起程点の誤差は，その後の計算位置にそのまま含まれていく。

***2*　コンパス誤差の不正確**

自差，偏差またはジャイロ・エラーは針路誤差となり，船位に左右誤差を生ずる。

***3*　速力または航程の誤差**

測程器の器差の不正確は船位に前後誤差を生ずる原因となる。

***4*　操舵誤差**

保針が不正確なときは針路誤差を生じ，操舵があまり頻繁なときは，船位が不正確になる。

***5*　外力の影響**

海潮流による圧流，または風圧差の見積り誤差などがある。このうち海潮流の影響は総ての要素の中で最も顕著であるので，真位置と推測位置に差をもたらすいろいろな要素を総称して**流潮**（**Current**）と呼んでいる。

距等圏の長さ

問題 3 同一距等圏にある2地点間の経差がその距離の2倍となる緯度を求めよ。

解答 同じ経差に対する距等圏の長さは，子午線が極に収束しているので緯度が増すにしたがって短くなる。

赤道上における距離はそのまま経差に相当するが，ある緯度における距等圏の長さは，緯度の余弦に比例する。

すなわち，

$$\text{Dist. (Dep.)} = \text{D.Long.} \times \cos\ \text{Lat.}$$

$$\therefore\quad \cos\ \text{Lat.} = \frac{\text{Dist.}}{\text{D. Long.}} = \frac{1}{2}$$

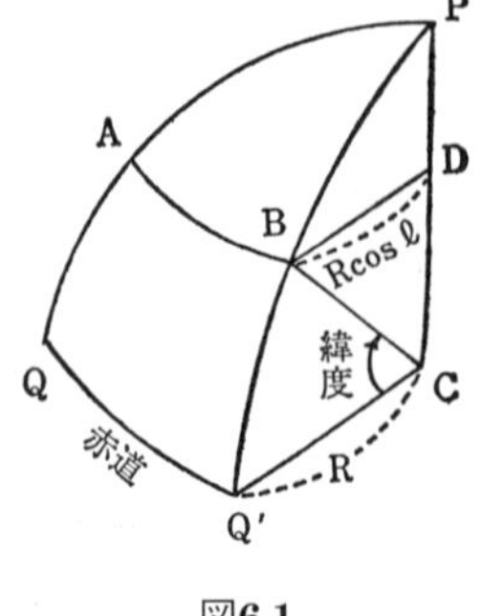

図6.1

cosの値が0.5となるのは60° のときであるから求める緯度は60° NまたはSである。

平均中分緯度航法実施上の注意

問題 4 平均中分緯度航法を行う場合の注意を述べよ。

解答 ***1*** 一般的注意

平均中分緯度航法は，理論的には近似計算であって，その誤差は通常の航海では実用上さしつかえない程度であるが，特に正確さを要求される場合や長い航程について計算する場合，または次にあげる各項に該当する場合には，漸長緯度航法かまたは真中分緯度航法による方がよい。

2 中分緯度航法の誤差が大なる場合

1. 高緯度にあるとき

平均中分緯度と真中分緯度の差は起程地および到着地が高緯度のとき大きくなる。また，D. Long. = Dep. × sec Mid. Lat. において，sec Mid.

Lat. の値は，Mid. Lat. が大きいほど，変化が大で，Mid. Lat. の誤差が結果に大きく影響する。

2. 航程が大きいとき

航程が大なるときは，変緯，変経が大きく，誤差の絶対量も大きくなるので，航程は約600海里を限度とする。

3. 変緯が大きいとき

平均中分緯度と真中分緯度の差が大きくなる。

4. 針路が小さいとき

針路が小さければ変緯が大きく，3. の例になる。また，Dep. = Dist. × sin Co. において，sin の変化は Co. が小さいほど大きいので，Co. の微小な誤差でも Dep. に影響し，D.Long. の誤差を生む。

5. 両地が赤道の両側にあるとき

両地が赤道の両側にある場合，両地の中間を中分緯度とすれば，その距等圏の東西距は，両地のいずれの距等圏の長さよりも長く，両地の中間の距等圏の長さをもって両地の東西距とみなすという，平均中分緯度の原理に反するから，この場合は平均中分緯度航法は不適である。

漸長緯度航法の長所・短所

問題 5　漸長緯度航法の利点と欠点をあげよ。

解答　***1*** 利　点

1. 平均中分緯度のような仮定を含まないので，理論的にも正確な航法である。
2. 起程地と到着地が赤道の両側にある場合でも，容易に計算できる。
3. 東西距を計算要素に含まないので，180° 度子午通過問題のように，航程および到着緯度が不明の場合でも解が容易に得られる。

2 欠　点

1. 計算がやや複雑で，漸長緯度を求める場合，算出のための公式を電卓で解くか若しくは天測計算表中の漸長緯度表を必要とする。
2. 高緯度のときや，針路が90° に近いときには誤差を生じ易く不適当である。

漸長緯度航法の不適当な場合

問題 6　漸長緯度航法の不適当な場合をあげて説明せよ。

解答　漸長緯度航法は次の場合誤差が大きくなりやすい。

1　高緯度の場合

高緯度においては漸長緯度の変化が急激であるので，僅かな緯度誤差も結果としてD. Long. に大きな誤差をもらす。

2　針路が東西方向の場合（90°若しくは270°に近い場合）

針路が90°若しくは270°に近い場合，

D.Long. = M.D.Lat. × tan Co.

において，Co. が東西方向（90°若しくは270°）に近いときは，tan Co. が大きく，しかもその変化が急激であるから，M.D.Lat. の僅かな誤差または針路の誤差が，D.Long. に大きな誤差をもたらす。

漸長緯度航法および中分緯度航法

問題 7　漸長緯度航法を利用するほうが，中分緯度航法を利用するより適している場合をあげよ。

解答　① なるべく正確な針路および距離を得たい場合（漸長緯度航法は，理論的に正確な算式に基づいて算出される。）

② 針路が南北方向に近い場合（漸長緯度航法では，中分緯度航法と比較し，より正確な値の算出が期待される。）

③ 発着地が両半球にまたがる場合（中分緯度航法の計算式では，適用できないため。）

漸長緯度航法における変経の誤差

問題 8　漸長緯度航法において，低緯度および高緯度それぞれの場合における変経（経差）の誤差について漸長緯度航法の公式を用いて説明せよ。

解答　漸長緯度航法の公式

D. Long.（経度差）= m. d. lat（漸長緯度差）× tan Co.（針路）により，誤差は，

・低緯度の場合，漸長緯度の変化は少なく，求めた漸長緯度の誤差は少な

いが，針路が90°（東西方向）に近ければ，tan Co.（針路）の値は，大きくなり，漸長緯度差にわずかの誤差があっても，それがtan Co.（針路）の値に比例して大きくなり変経（経差）に誤差を生じる。

・高緯度の場合は，漸長緯度の変化が急であり，誤差を生じやすく，針路が90°（東西方向）付近でなくとも経差に影響して誤差を生じさせる。

針路が90°（東西方向）付近ならばtan Co.（針路）の値が大きく，漸長緯度差の誤差がさらに増幅され，経度差の誤差は最大となる。

大圏航法の長所・短所

問題　9　大圏航法の長所，短所を述べよ。

解答　***1*** 長　所

大圏は地球上の2点間を結ぶ最短経路であるから，大圏上を航海すれば，航海日数の短縮，燃料節約など運航能率を向上することができる。航程の線航法と比較して，特に高緯度を長距離航海するほど，航程の利得が大きい。

2 短　所

1. 大圏上を航海するには常に変針しなければならず，また，航法要素の計算も多少煩雑である。
2. 大圏航路は，起程地および到着地よりも高緯度を通過することが多いが，高緯度の海域では暴風や海氷などに遭遇することがあり，最短距離が必ずしも有利といえない。
3. 低緯度で航程が短い場合は，大圏航法による航程の利得は微小であるので，500～1000海里くらいなら航程の線航法による方が簡単である。

大圏航法の実施

問題　10　大圏航法はどのように実施されるか簡単に説明せよ。

解答　***1*** 大圏図などを利用して航路の概要を検討し，大圏航路の起程点，到着点，航行する最高緯度などを定める。大圏が制限緯度にかかる場合は，集成大圏航法（問題9参照）などによる。

2 起程点，到着点が定まったら，球面三角の解法により，大圏距離，起程針路，着達針路，頂点の位置などの大圏要素を計算する。

3 大圏上の各点を計算または大圏図より読み取って漸長海図に転記し，それ

らの諸点を滑らかに結んで大圏を描く。

4　実際の針路は，船の半日または1日航程（もしくは経差5°または10°）で大圏を分割し，各区間を航程の線で結んで求めるのが一般的である。

集成大圏航法

問題　11　集成大圏航法について説明せよ。

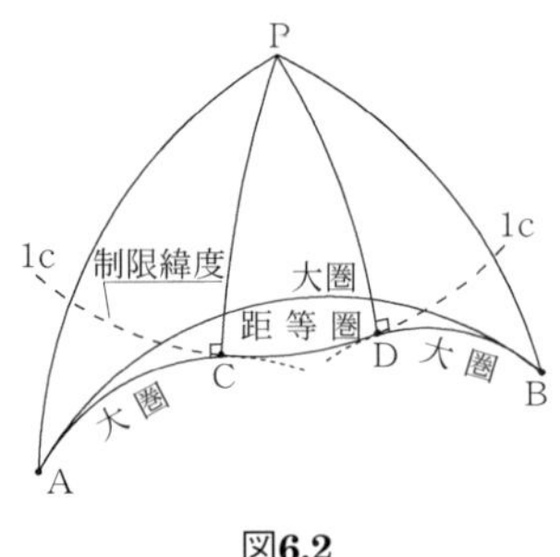

図6.2

解答　両地点を通る大圏の頂点が高緯度になって，暴風，流氷または島その他の障害物のため，ある緯度以上は航行できない場合には，図6.2のように，まず制限緯度に接する大圏ACに沿って制限緯度まで達し，次に制限緯度の距等圏上をある距離CDだけ航行してから，再び大圏DBに沿って目的地へ達する。

このような航法を集成大圏航法といい，制限緯度を設けた場合には，この経路が最短距離となる。

地標による船位測定法

問題　12　沿岸航行中の地標による船位決定法をあげ簡単に説明せよ。

解答　***1***　**交差方位法（クロスベアリング）**

海図上で位置の確かな2物標以上のコンパス方位を測定し，海図上でそれぞれの物標から反方位線を描き，その交点とを船位する。手早く行えて，しかも比較的正確なので，最もよく用いられる船位決定法である。

2　**物標のトランシットと方位線による法**

2物標が重なって見える瞬間に，他標の方位を測定する。トランシットは方位測定の必要はなく，海図上で2物標を結んだ直線を描けばよいから，あとは交差方位法に準じて船位を決定する。

3　**1物標の方位および距離による方法**

1物標の方位と距離を同時に測定して，図上に方位線と物標を中心とし測得距離を半径とする円を描き，その交点を船位とする。

4　**1物標の方位線と他物標との夾角による法**

2物標のうちの1物標はコンパス方位を測定しうるが，他標の見通しがきかない場合に，見やすい場所へ移動して六分儀または方位盤により両物標の夾角を測定する。

5　**1物標の方位線と水深による法**

海図上に引いた方位線上で，同時に測定した水深と一致する点を船位とする。水深が適当で規則的な変化がなければ，船位の信頼度は乏しく，概位と考えるべきである。

交差方位法実施上の注意

問題　**13**　交差方位法実施上の注意を述べよ。

解答　***1***　**物標選定上の注意**

1.　海図上の位置が確かで，視認しやすい物標を選ぶこと。
2.　遠距離より近距離の物標がよい。
3.　2物標の場合は方位線が90°に近い角で交わるものがよく，交角は少なくとも30°以上あることが望ましい。
4.　物標は2つより3つ以上が望ましく，3物標の場合は交角が互いに60°に近い角で交わるのがよい。
5.　浮標など移動しやすいもの，位置の不確かなもの，なだらかな海岸線や丘などは避けること。

2　**測定および記入上の注意**

1.　方位変化の少ないものを先に，大きいものを後で測定すること。
2.　物標はあらかじめ海図と実景を見比べておいて，順序よく手早く方位を測定すること。
3.　測定はコンパスを水平に保って行うこと。
4.　3物標の方位線で大きな誤差三角形で生じたときは，ただちに測定しなおすこと。
5.　船位には測定時刻と測程儀を使用中ならその示度を必ず記入すること。
6.　方位測定および記入中は見張りがおろそかになるから，直前に周囲を見てさし迫った危険のないことを確めること。

誤差三角形の原因と処理

問題 **14** 3物標による交差方位法において船位に誤差三角形が生ずるが，この原因と処置を述べよ。

解答 ***1*** **誤差三角形の生ずる原因**

1. 方位の測定誤差があるとき。
2. コンパス誤差(自差，偏差またはジャイロ誤差)の改正が不正確なとき。
3. 物標の海図上の位置が不正確なとき，または，測定点を間違えたとき。
4. 位置の線の海図記入上の誤差。
5. 方位測定に時間を要し，ほとんど同時と見なせないとき。

2 **処　置**

1. 誤差の原因をふりかえって，修正可能なものは可能な限り修正する。
2. その上で誤差三角形が小さければ，三角形の中心を船位と考えればよいが，正しい船位は三角形の外にある可能性もあるので，誤差界を十分にとる必要がある。
3. 大きな三角形が生じた場合は，方位線の修正に労を費やすより，ただちに再測定を行うこと。

両測方位法実施上の注意

問題 **15** 両測方位法（Running Fix）による船位の精度を良くするための注意事項を述べよ。

解答 両測方位法による船位の精度は，方位測定の正確さと，2回の観測間の方位変化量（2方位線の交角）および両測間の航走距離と針路の推定精度により決定されるから，次の点に注意する。

1 転位を正確に行なうために，両測間の正確な保針に努め，コンパス誤差も正確に改正する。

2 測程儀の器差を正確に改正するとともに測定時刻も正確に求めて，両測間の航程を算出する。

3 両測定の間隔は短いほどよいが，方位変化が90°になることが理想的で少なくとも30°以上変化することが望ましい。

4 両測間に受けた外力の影響を正しく見積り，対地的な自船の針路・航程により転位を行うこと。

両測方位法による船位と海潮流の影響

問題　16　海潮流のある場合，両測方位法による決定船位について注意すべき点を述べよ。

解答　両測方位法における第１方位線の転位は，自船が対地的に実際に航走した針路・距離によって行なわなければならない。図6.3において，$\overrightarrow{AB}$を対水針路・航程とすれば，海潮流を考えない場合の船位はＢに決定される。しかるに，両測間に$\overrightarrow{BC}$という海流を受けたとすれば，正しい転位量は$\overrightarrow{AC}$とすべきで，この結果船位はＥに求められる。

すなわち$\overrightarrow{BE}$が海潮流による船位の誤差で，海潮流が第１方位に平行であれば誤差は生じないが，第１方位線と直角方向の海潮流を受ける場合は誤差が最大となる。図のように，海潮流が第１方位の転位線により後方に流れる場合，正しい船位は物標に近い側になるので，海潮流の影響を考慮せずに求めた船位によって慢然と航行を続けると，真位置は予想以上に陸岸に接近していることになるので危険である。

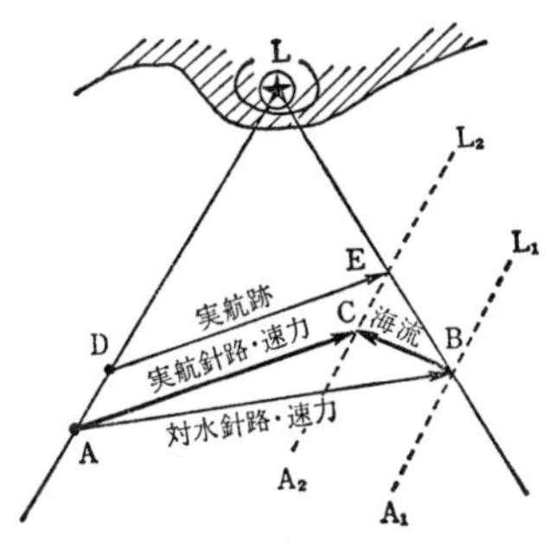

図6.3

船首倍角法の原理と実施上の注意

問題　17　船首倍角法の原理を説明し，これを行う場合の注意を述べよ。

解答　***1***　**船首倍角法の原理**

船首倍角法とは船が直進中，図6.4のように，ある物標の船首角 α を測り，そのまま同一針路で続航して，同物標の船首角が第１回目の倍角になったときに，両測間の航走距離を求めれば「三角形の２角の和は他の１角の外角に等しい」という定理により

$\angle A + \angle M = \angle B$ の外角は2α

$\therefore \quad \angle M = 2\alpha - \angle A = 2\alpha - \alpha = \alpha$

ゆえに，△ABMは二等辺三角形となるから，後測時の船位は第2方位線上で，物標から両測間の航走距離に等しく測った点になる。

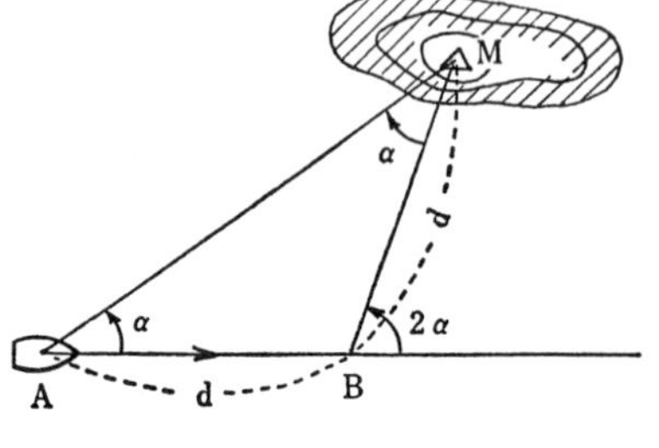

図6.4

2　船首倍角法実施上の注意

1.　針路を正しく保持し，船首角の測定を正確に行うこと。
2.　両測間の航程を正確に求める。
3.　外力の影響により船が左右に圧流される場合，船首尾方向と実航針路が相違するから船首角を基準とした二等辺三角形が成り立たず，船首倍角法は利用できない。

　ただし，針路に並行な海潮流があってその流速を推定できる場合には，対地的な航走距離を用いて本法を行うことができる。

水深連測法

問題 18　水深連測法を説明し，それにより精度の良い船位を求めるための要件を述べよ。

解答　***1***　水深連測法の概要

霧，もや，降雨などのため陸上物標による船位測定ができなくなった場合に，水深と底質を連続的に測り，自船の針路，速力を参考にして，海図上で測定結果と一致する点をさがす方法である。船位は概測位置と考えて過信せず，その後も水深変化を見守る必要がある。

船位決定の手順は次のとおりである。

1.　透写紙（トレーシング・ペーパー）に真子午線と針路線を描き，針路線上に最初に測定した水深と底質を記入する。
2.　次いで適当な間隔で水深と底質を連測して海図の尺度に合わせた距離間隔でその結果を針路線上に順次記入する。
3.　透写紙を海図上の推測位置付近に重ねて，透写紙と海図の経緯度線を平行に保ちながら上下左右に移動させて，海図に記載の水深，底質と一致する点を見出し，概略の船位とする。

2　水深連測法の精度に影響する要件

1.　水深が適当で，その分布が規則的でしかも単調な変化があること。

2.　海図は大尺度のものが利用できて，水深の記載が密で信頼のおけるものであること。

3.　潮汐による干満差の大きい場合は，測定時の潮高を改正して最低水面からの深さに改めること。

4.　短時間に水深の連測ができる測深儀を有することが望ましい。

5.　風圧，流圧があまり大きくなく，自船の真針路・速力の推定ができること。

正横距離予測法

問題　19　夜間沿岸航海中，灯台を小角度に初認した場合，その正横距離を予測する方法を説明せよ。

解答　***1***　まず灯台までの距離をレーダ等を使用して求める。

2　灯台の船首角を α° ，距離を d（海里）とすれば正横距離 x（海里）は次式により計算できる。

$$x = \mathrm{d} \times \sin\alpha^\circ$$

または略算式として，$x = \dfrac{\mathrm{d} \times \alpha^\circ}{60}$

陸岸・危険物の離隔距離

問題　20　沿岸航海中，陸岸または危険物の離隔距離を決定するにあたり考慮すべき点を述べよ。

解答　離隔距離は航海の安全上非常に重要な要件で，距離を多少多くとっても航程の増加量は僅かなことが多い。離隔距離決定上考慮すべき点は次のとおりである。

1　船型・喫水の大小

2　航程の長短および航路付近の地形

3　測量の精粗および航路標識の整備状態

4　視界の良否，昼夜の別

5　海潮流，風圧など外力の影響

6　船位測定の難易

7　航海者の経験および技量の程度

変 針 要 領

問題 21 沿岸航行中の変針要領を説明せよ。

解答 ***1*** 変針目標の選定

1. 新針路の方向で，新針路と平行あるいは平行に近い顕著な目標を選ぶ。
2. 転舵舷の正横付近で顕著なものあるいはトランシットがよい。
3. 変針角度が大きい場合は，一度に大角度変針を行わず，徐々に変針するのがよい。このための変針目標もそれに応じて順次定めておかなければならない。
4. 顕著な目標が得られない場合や，行き会い船などが多く予定通りの変針ができないおそれのあるときには，必ず予備目標を定めておく。

2 変針要領

他船の動静，付近の障害物などに注意して自船の予定針路にとらわれず，安全な操船を行わなければならない。海上衝突予防法による航法規定の保持，避航義務は，変針に際しても守らなければならない。

1. 変針点に近づいたら船長に報告し，船長は自ら操船を行う。
2. 変針直前に船位を測定し，新針路にのせるための変針点および変針目標の方位を調べる。正確な操船を行うためには新針路距離を考慮した変針点を求める。
3. 変針に際しては，新針路方向に他船その他の障害がないか確かめておく。
4. 変針を完了したら，コンパスを確認するとともに，針路目標などと比較して正しく向首しているか調べる。
5. 定針後すみやかに船位を測定し，予定航路上に船位がのったか調べる。
6. 次の変針点までの距離，予定到達時刻を求めて船長に報告する。

狭水道通航上の注意

問題 22 狭水道通航に際しての注意事項を述べよ。

解答 一般に狭水道は，単に水路が狭いのみでなく水路が屈曲していたり，暗礁などが散在する上に，潮流が強い場合が多く，船位を確認しながら船を進める余裕の持てないことが多いので，特に次の点に注意が必要である。

1 水道の入口付近

1. できる限り船首に顕著な航進目標を選んでおく。トランシットが理想的である。

2　**水道内**

1.　推薦航路がある場合はこれに従う。その他の場合には可航区域の中央付近で潮流と平行になるような航路が望ましい。

2.　他船の避航その他で予定航路から偏することがあるが，可航区域の限界がすぐに知れるよう，避険線を設定しておく。

3　**湾曲部**

1.　大角度変針は避け，小刻みに変針するよう針路を計画する。

2.　できる限り船首に顕著な目標が得られるよう予定針路を計画する。

4　**その他**

必要に応じ，機関用意および投錨準備状態とする。

錨地への進入

問題　23　錨地への進入針路を決める場合，

①錨地への展望

②変針の角度について

どのような針路を計画すればよいか。

解答　①　錨地をできるだけ早く，望見できるような針路を選び，錨地付近の状況を把握する。

②　錨地付近で大角度の変針は避け，やむなく変針する場合でもなるべく早めに行う。

避　険　線

問題　24　避険線を説明して，その設定上の注意を述べよ。

解答　***1***　**避険線の意義**

狭水道通航，出入港または内海航行などにおいては，見張り，変針，避航などにおわれて海図上で船位を求めて航行する余裕のない場合が多い。このようなときに，あらかじめ海図上で危険区域を調査して，その範囲を航路付近の顕著な目標の位置の線により明示しておけば，その目標を観測するだけで，自船が危険範囲のどちら側にあるか，または危険区域への接近度合が一目で判断できるので，非常に有用である。この目的で設けられた位置の線を避険線という。

2 避険線の種類

すべての位置の線は避険線として使用できるが，特に利用度の高いものは

1. 船首尾方向のトランシット（重視目標）。
2. 針路目標または前方の顕著な目標の方位線。
3. 側方目標の距離または仰角。
4. 2物標の水平夾角。
5. 水深（等深線）。

3 避険線設定上の注意

1. 危険界は船型の大小，喫水，操縦性能，気象，海象の状態，視界などにより決定すべきものである。
2. 地形，水深分布を検討して，安全度を十分に見積った範囲を定めなければならない。昼夜の別によっても当然変えられるべきである。
3. 目標は位置が確実で視認しやすく，しかも予定航路からの前後左右の偏位が検知しやすいものがよい。
4. 避険線は1本に限らず，できれば予備目標を定めておく。

避険線の設定

問題 **25** 沿岸航行中，避険線を設定するに際し，予備の避険線を設定しておいたほうがよいのはどのような場合か。

解答 ***1*** 避険線を設定した船首方の物標の方向から来る船などにより，避航する必要があり．予定針路を大きく外れる可能性がある場合。

2 避険線設定に利用を予定していた物標が視認および確認が困難となる場合（視界不良となった場合，および通航時刻が夜間となって視認できない場合等）。

3 レーダおよび測深機等の航海計器を利用した避険線を設定する際，機器の故障などにより．当該避険線として利用できなくなる可能性がある場合。

十分余裕のある安全界

問題 **26** 沿岸航行中，避険線の設定に際し，特に「十分余裕のある安全界」を保有しなければならないのは，どのような海域か。

解答　①　海潮流，潮差の影響が大きい海域（流速や潮差が大きい海域，流向の急変が予想される海域）
②　船舶がふくそうし，避航操船が予想される海域
③　地形の影響などにより，視界不良時の船位測定の精度が劣る海域
④　荒天時，うねりや波高が急に増大する海域
⑤　海図の測量精度が劣ると考えられる海域

ふくそうする海域での航海計画

問題　**27**　出港時，他船がふくそうする中，見張りや操船に当たり，船位を確認する余裕がないことが予想される場合，航海計画を立てる際には，あらかじめ，どのようなことを考慮しておく必要があるか。

解答　①　船首尾目標を定め，左右の偏位が容易に判断できる航路とする。
②　安全側と危険側を直ちに判断できるよう避険線を設定しておく。
③　予定どおりに航行できない場合に備え，予備の目標を設定しておく。
④　港内を航行する他船を避航する場合に備え，避航できる余裕のある航路とする。
⑤　出港時は低速であり，外力による圧流が大きいので，係船浮標の係留船や障害物等の風下側を航行する計画とする。

水平危険角法

問題　**28**　水平危険角法を説明せよ。

解答　***1***　**水平危険角法の概要**

2物標の水平夾角 θ を測定したときの位置の線は両物標を通る円弧である。したがって，2物標を通り危険範囲と内接するような円弧を描き，この中に進入しないようにすれば危険は避けられる。

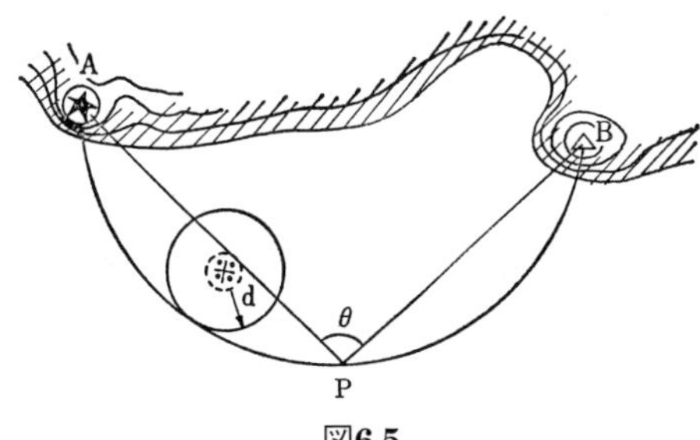

図6.5

このためには，円弧上に任意の点Pをとり，Pから見た両物標の夾角 θ を求めて，船

で測定する夾角が θ より大きくならないように航行すればよい。

2 **水平危険角の求め方**

1. 危険物Cを中心として予定離隔距離dを半径とした円を描く。
2. 2標A，Bの垂直2等分線を描き，この線上に中心を有し，ABを通って小円に外接する円を描く。
3. この円弧上でABの夾角 θ を求めて，水平危険角とする。

狭視界航行上の注意

問題 29 航海中，狭視界となった場合，当直の職員としてなすべき処置を述べよ。

解答 ***1*** 視界が悪くなることを予知したら，ただちに船長に報告するとともに，正確な船位を求める。

2 狭視界となった場合には，「安全な速力」とし，霧中信号を開始する。その他霧中における航法規則を遵守する。

3 見張員を増員し，必要に応じて船首やマストにも配置する。

4 船内を静粛にして他船の霧中信号の聴取につとめるとともに，あらゆる手段を講じて危険を察知するよう努力する。

5 電波計器，測深儀などを活用して船位の推定を行う。

6 水深が浅ければ投錨用意をし，防水扉，舷窓などを閉鎖して万一に備える。また，機関室との連絡を密にして適宜状況を知らせることも必要である。

霧中陸岸へ接近する際の注意

問題 30 霧中，外洋から陸岸へ接近する場合の注意事項を述べる。

解答 ***1*** あらゆる危険を考慮して，それらに対応できる対策と確信を持って船を進めること。

2 船位の推定を綿密に行い，誤差界も十分に見積もる。

3 GPS，レーダなどの電波計器を活用するとともに，測深を励行する。

4 沿岸における等深線を活用して船位推定に役立てるとともに，10m，20mなどの等深線を警戒線または避険線に利用する。

5 操船上確信の持てない場合は，投錨準備をして速力を減じ注意深く航行するか投錨仮泊して視界の回復を持つのがよい。

第7章　天文航法

天球用語

問題　1　天球に関する下記用語を簡単に説明せよ。

(1) 黄　　道　　(2) 赤　　経

(3) 東 西 圏　　(4) 天体の地位

解答　***1*** **黄　道**

天球上で太陽は西から東へ1年間に1周するように見えるが，この軌道を黄道といい，天の赤道と約23°—27′（黄道傾斜）の傾きで交わる大圏である。

2 **赤　経**

天の赤道上で春分点から天体を通る天の子午線まで測った弧の長さを赤経といい，春分点から東まわりに0時から24時まで測る。

3 **東西圏**

天頂を通り測者の天の子午線と直交する大圏を東西圏といい，これが地平圏と交わる点を東点および西点という。

4 **天体の地位**

地球中心と天体中心を結ぶ直線が，地球表面を交った点を天体の地位といい，その位置は，天体の赤緯を緯度，本初時角を経度とする点である。

位置の三角形

問題　2　天文航法における位置の三角形を説明せよ。

解答　図7.1のように天球上で天の極P，天頂Zおよび天体Xを大圏で結んでできた球面三角形，またはこれを地球表面上に投影して，極P，測者の位置Sおよび天体の地位Gの3点によって定まる球面三角形を位置の三角形という。

∠ZPXは時角（h），∠PZXは方位角（Z），∠PXZは天体の位置角（q）

である。

またPZは余緯度（90° $-l$），PXは極距（90° $\pm d$），ZXは頂距（90° $-a$）である。

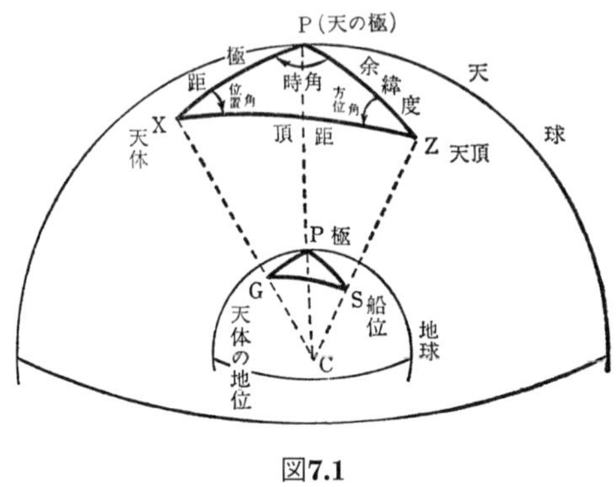

図7.1

天球図法

問題　3　天球図法の種類をあげて，それぞれの図法の特色を簡単に説明せよ。

解答　***1***　赤道面図

両極を連ねた無限遠の視点から，天球を赤道面に投影したもので，円周は天の赤道で円の中心が天の極となる。直径は天の子午線，同心円は赤緯の圏を示し，時角が中心角で表わされるので時角に関する事項を図示するのに便利である。

2　子午線面図

東西点を連ねた無限遠の視点から，天球を子午線面に投影したもので，円周は測者の天の子午線，中心が東点，または西点である。正中時の高度や出没に関する図示説明に便利である。

3　地平面図（水平面図）

天頂の無限遠の視点から，天球を地平面に投影したもので，円周は地平圏，中心は天頂となる。半径が高度の圏で，中心角が方位角を表すので，高度・方位角の表示に便利である。

均時差

問題　4　均時差（時差率）を説明し，それが生ずる原因を述べよ。また，均時差はどうして求めるか。

解答　*1*　均時差とは

均時差とは，ある瞬間における視時と平時の差をいう。言い換えれば，平均太陽と視太陽の赤経差である。

2　均時差の生ずる原因

1.　楕円時差率

地球の公転軌道が楕円であるため，軌道上の運行速度はケプラーの第2法則により一定でない。このため，視太陽の毎日の赤経変化は一定でなく，これを基準にした時間は均一でない。

2.　傾斜時差率

黄道傾斜のため，たとえ黄道上を運行する太陽の速度が一定であっても，赤経変化は一定でなくなる。

3　均時差の求め方

天測暦により所要時の世界時に対する $E_{\odot}$ を求め

$$(\pm)\ \mathrm{E.\ T.} = E_{\odot} - 12^{h}$$

により算出すればよい。均時差は（＋），（−）の符号をとるが最大値は約16分である。

〔注〕 海上保安庁が刊行する「天測歴」及び「天測計算表」は，令和4年（2022）版を最後に廃版となっている。

船 舶 使 用 時

問題　5　船舶使用時について説明せよ。

解答　*1*　標準時

一般に港湾に停泊中，もしくは沿岸航行中の船舶は，陸上との連絡または日常生活に便利であるので，その国の標準時を用いる。

2　地方視時

視正午推定経度を基準とした視時であるから，太陽の日周運動とよく一致し，12時に太陽が正中して正午位置の測定に便利であり，一般商船でよく使われている。しかし，各船がまちまちの時間を使用するので外部との連絡に不便で，毎日の使用時を計算して時計を整合しなければならない。

3　時刻帯時

公海を経度15°毎に区分して時刻帯といい，各時刻帯内では同一時間を用いる。使用時間が世界時に対して時間の整数倍の差があるだけなので，外部との通信連絡に便利である。

水平の種類

問題 6　水平に関する下記用語を説明せよ。

(1)　視水平　　(2)　居所水平

(3)　真水平

解答　*1*　視水平

一般にいう水平線のことで，測者の眼の位置から海面に引いた接線が地球表面と交わって作る小圏である。視水平から天体まで測った高度を測高度という。

2　居所水平

測者の眼の位置を通り，天頂と天底を結ぶ線に直角な平面（水準面）である。視水平と眼高差だけの差があり，居所水平から測った高度を視高度という。

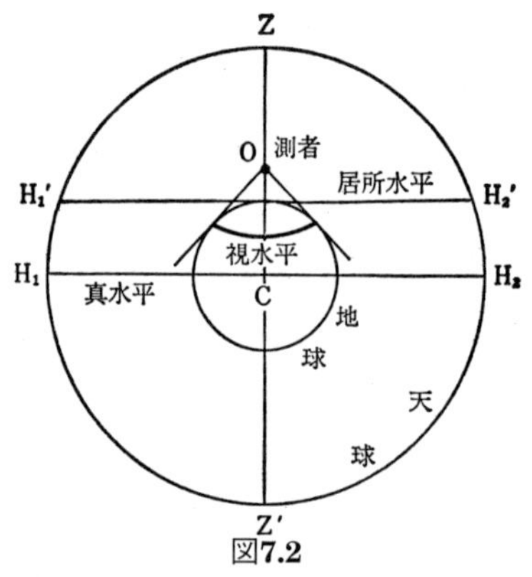

図7.2

3　真水平（地平圏）

地球中心を通り，天頂と天底を結んだ直線と直交する平面，またはその平面が天球と交わって作る大圏をいう。真水平と居所水平は天球上の位置に差はあるが，平行である。

また，真水平から測った高度を真高度という。

高度改正の要素

問題 7　高度改正の要素をあげて簡単に説明せよ。

解答　六分儀で観測した高度を地球中心から見た天体中心の高度に改正する手順を高度改正という。

1　六分儀器差

使用する六分儀の器械的誤差であって，０度の基準点が違うので，器差の量がそのまま測高度の誤差になる。

2　眼高差

観測者は地球表面上である高さをもつから，測者から見た視水平線はその位置における水準線（居所水平）とある角をなす。この角を眼高差と言い，六分儀で天体を視水平線に下ろして観測する場合は常に眼高差だけ高く測りすぎていることになる。

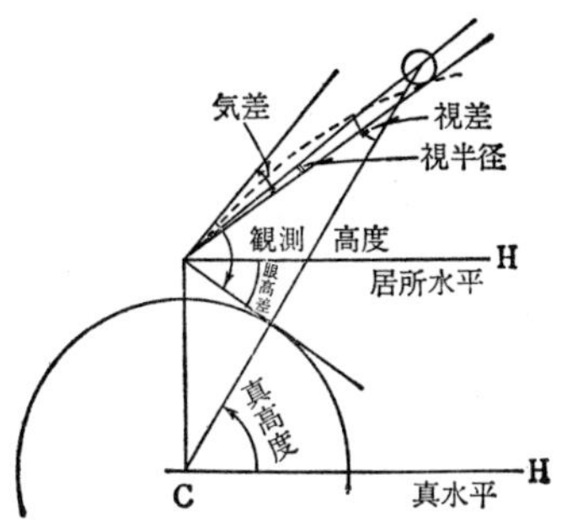

図7.3　天測時の修正要素

3　気　差

光線が大気中を通過するうちに大気の密度差により屈折されて，測者が観測する方向と真の方向とに若干の差を生ずる。この差角を気差という。

4　視　差

測者の位置から見た天体の方向と地球中心から見た方向の差を視差という。

5　視半径

太陽や月の高度を観測する場合は，その上辺または下辺を測定するから中心高度に改めるには，その視半径分を改正しなければならない。

高度測定上の注意

問題　8　海上において，六分儀で天体高度を観測する場合の注意を述べよ。

解答　***1***　高度の測定は必ず高度の圏に沿って行うこと。

2　眼高は正確に測定しておくこと。

3　動揺により眼高が変動する場合は，なるべく眼高を高くすると眼高差の誤差を少なくすることができる。ただし，霧などにより視界不良の場合には眼高を下げて，近距離の水平線を利用する方が有利である。

4　天体は望遠鏡視野の中央でとらえるようにし，望遠鏡の焦点を合わせ，和光ガラスの濃淡の選定にも注意をはらう。

5　六分儀器差は不変のものではないから，ときどき測定しなおすこと。

6　恒星，惑星の観測精度は主として水平線の明瞭さによるものであるから，水平線の明るい方向の天体を選ぶこと。

7　天体の子午線高度が90°に近い場合には推測緯度と赤緯によって向かうべき方向を判断しておく。

水温・気温差による眼高差の変動

問題 9　大気と海水の温度差の大きい場合，正確な観測高度を求めるための注意を述べよ。

解答 1　地上気差の変動

眼高差に影響する地上気差は，地表付近の大気の状態により変動し，特に大気温度と海水温度差が大きな要素となる。両温度差 Δt℃による眼高差の変化は，$0.'2 \times \Delta t$ とされ，水温が気温より高いとき眼高差は増加し，水温が気温より低いとき眼高差が減少する。

2　観測上の注意

1.　気温水温差に対する改正は，天測計算表の測高度改正表にも掲げられているから，水温および気温を正しく測定してこの改正を行う。
2.　地上気差は視水平の距離に比例するから，眼高を低くして近距離の水平線を利用するとよい。
3.　高高度の天体なら同時に背面高度を観測して両高度差の1/2の余角をとれば，眼高差が消去されるから，地上気差の影響もなくなる。
4.　可能なら反方位の天体を同時観測して，両位置の線の２等分線を用いてもよい。

高度観測条件に対する注意

問題 10　次のような場合，太陽の高度観測について注意すべき点を述べよ。

(1)　視界不良で水平線が明瞭でないとき。
(2)　波浪やうねりで水平線が滑らかでないとき。
(3)　気温と水温差の大きいとき。
(4)　風浪が強く船体動揺の激しいとき。

解答 1　一般に眼高は高い方がよいとされているが，特殊な条件下の観測にはそれに応じた対策を考えねばならない。

視界不良のときは眼高を下げて，なるべく近くの水平線を利用するとともに，和光ガラスを工夫してみる必要もある。

2　水平線が波浪やうねりにより凹凸が激しいときは，眼高を高くして遠くの水平線を利用すれば，比較的滑らかである。

3　気温と水温の温度差については問題９参照。

4　船体動揺が激しいときは，眼高をなるべく高くすれば横揺れまたは上下動による眼高変化に基づく眼高差の誤差を小さくすることができる。

測定場所は風や波の飛沫を直接受けない甲板の中央付近で，姿勢を安定させて観測する。数回連測して平均すれば誤差を小さくすることができる。

天体高度に関する注意

問題　11　位置の線を求めるため観測する天体の高度はどんな範囲のものが望ましいか。また，止むを得ず高度が特に低いものまたは特に高いものを測定する場合の注意を述べよ。

解答　*1*　高度の範囲

低高度の天体は気差の影響を大きく受け，気差の変動による誤差が生じやすい。高高度の天体は高度の圏に沿って観測することが難しく，また，位置の線の曲率誤差も考慮しなければならない。これらの誤差の小さいのは約30°～70°である。

2　低高度観測の注意

1.　低高度では天文気差の変化が大きいので，視高度に対する気差表の補間を正確に行う。
2.　大気の標準状態に対する気温および気圧の差による気差の補正を正確に行う。
3.　太陽などは，低高度の場合には上辺を測る方がよい。

3　高高度観測の注意

1.　天体を垂直圏に沿って観測するのが困難なので，天体の方位を見定めてから六分儀をその方向に向けて，すばやく直下の水平線に接するとよい。
2.　高高度の天体は一般に方位変化が激しいから，特に迅速に測定する必要がある。
3.　天体直下の水平線が不良のときは，反方位の水平線を用いて補高度（背面高度）を測る。

真日出時と常用日出時

問題　12　真日出時と常用日出時の差について述べよ。日本付近で両方の時間差はどれくらいになるか。

解答 *1* **真日出時**

太陽の中心が地平圏にかかる瞬間であるが，眼高差が気差などのためこのとき太陽の下辺は視水平から約20′ 上に見える。出没方位角の測定はこの瞬間に行う。

2 **常用日出時**

太陽の上辺が視水平にかかるときで，一般にいう日出時であるが，このときの太陽の中心真高度は，約（－）54′ である。

航海灯の点滅や旗章儀礼はこれを基準に実施されている。

3 **真日出時と常用日出時の差**

両時間の差は太陽の中心高度が（－）54′ から0°—0′ になるまでの所要時間である。太陽の赤緯によって変化があるが，緯度35° で4～5分である。

薄　明　時

問題 13 薄明時について説明せよ。

解答 薄明時とは，太陽が視水平下にあっても，大気による光線の散乱，屈折などにより，幾分か明るさを呈する現象を言い，天文薄明と常用薄明がある。

1 **天文薄明**

太陽が（－）18° より上にあると，夜の闇に幾分影響を及ぼし，肉眼で見える最も暗い星（6等星）が消える。このように太陽が（－）18° から視水平の間にある時間を天文薄明時といい，天測暦巻末から求めることができる。

〔注〕 海上保安庁が刊行する「天測歴」及び「天測計算表」は，令和4年（2022）版を最後に廃版となっている。

2 **常用薄明**

一等星が見える限界は太陽が（－） 6°付近にあるときで，この瞬間と日出没時の間を常用薄明時といい，天文薄明時の1/3と考えてよい。

3 **薄明時天測**

四囲が明るくなって水平線が明瞭になり，しかも星が見える状態は，星測の好機で多くの星の同時観測による船位決定ができる。この時間は，太陽の高度が（－）12° くらいから一等星の見える限界（－）6° の範囲であるが，低緯度地方では薄明時間が短いので，観測の順序を考えて測定時機を失わないよう注意を要する。

天体による自差測定法の種類

問題　14　天体によるコンパスエラー測定法をあげ簡単に説明せよ。

解答　コンパスエラーの測定は，コンパス方位と真方位の比較で求めることができる。

1　出没方位角法

天体の中心真高度が0°のとき方位鏡でそのコンパス方位を測定し，方位計算式または天測暦の出没方位角表から求めた真方位と比較して誤差を求める方法である。

2　時辰（しん）方位角法

天体のコンパス方位を測定すると同時にクロノメータを読み，測定時の時角，緯度および赤緯を要素として，天体の真方位を算出する方法で，方位計算式またはSDh表（天測計算表），などが用いられる。

3　北極星方位角法

北極星は天の北極近くに位置し，極距約53′で極のまわりを23^h-56^m-4^sで1周しているので，測定時の時角と緯度を要素として方位計算式または天測暦の北極星方位角表から真方位を求めることができる。

〔注〕　海上保安庁が刊行する「天測歴」及び「天測計算表」は，令和4年（2022）版を最後に廃版となっている。

出没方位角の測定時機

問題　15　天体の出没方位角を測定すべき時機について述べよ。

解答　出没方位角は天体の中心真高度0°のときが測定時機で，その瞬間の天体高度は眼高差，気差，視差および視半径を改正すれば，太陽はその下辺高度が約20′，月は視差が大きいためその上辺高度でも約（－）3′，星の場合約33′となる。星は低高度では，大気による光線の吸収のため観測できないから，出没方位角を観測できる天体は太陽に限られ，その下辺が視水平から約20′だけ上にある瞬間に方位を測定すればよい。

方位測定の適機

問題　16　時辰方位角法による方位測定の観測時機について述べよ。

解答 天体の方位測定は，その方位変化が少なく，かつ，高度のあまり高くないときに行うのがよい。

1 方位変化の少ない時機

1. 緯度と赤緯が同符号で，赤緯が緯度より大きい場合は，天体が東西圏に最も近づいたとき（最大方位角のとき）。
2. 緯度と赤緯が同符号で，赤緯が緯度より小さい場合は，天体が出没時と東西圏の中間にあるとき。
3. 緯度と赤緯が異符号のときは，出没時付近。

2 天体高度と測定方位の誤差

一般に天体高度はあまり高くないときを選ぶこと。方位鏡の構造上からみれば，高度27°付近が最も良く，高度38°以上になると誤差が急激に増大するので，高高度の天体は避けた方がよい。

出没方位角法と時辰方位角法の比較

問題 17 太陽による方位測定法として出没方位角法と時辰方位角法を比較して，長所および短所を述べよ。

解答 出没方位角法からみた優劣をあげる。時辰方位角法からみた場合には裏がえして考えればよい。

1 長 所

1. 天体の方位変化が少なく，また低高度なので方位鏡による測定誤差も小さいから測定方位が正確である。
2. 緯度と赤緯だけで出没方位角表から真方位が得られるので，真方位の算出が容易である。
3. 測定時刻はクロノメータを読まなくとも，船内時計で概略の時間を知るだけでよい。

2 短 所

一般に水平線付近には雲が多いので，真出没時の太陽が隠されてしまうことも多い。

天体の正中方向の判別

問題 18 北半球において，太陽が北側に正中するのはどんな場合か。

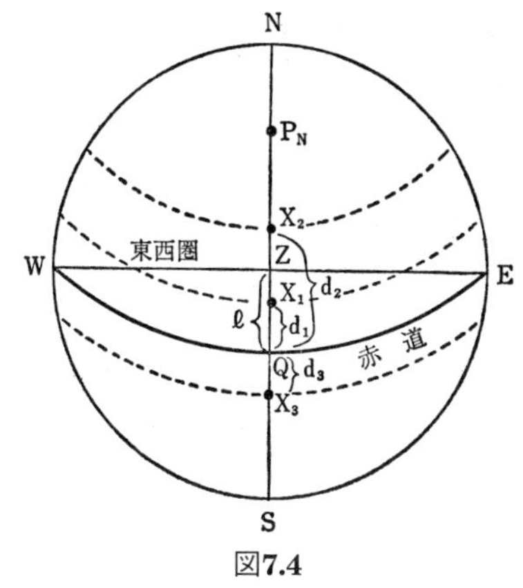

図7.4

解答　図7.4は**地平面図**であるが，天頂Zを測者の位置と考えてよい。測者の緯度lにより天の赤道EQWを定めておけば，正中時の天体の位置はQからその赤緯を測者の子午線上にとればよい。図から明らかなようにZの北側に正中するのは緯度と赤緯が同名で赤緯が緯度より大きい場合である。太陽の赤緯は最大23°—27′であるから，これを北緯の地で北側に見るのは緯度23°—27′N以南の地に限られるわけである。

子午線高度観測上の注意

問題　19　子午線高度観測上の注意を述べよ。

解答　一般の高度観測上の注意（問題8参照）のほかに，次の点に特に注意する。

1　正中時付近においては，高度変化は少ないが方位変化が激しく，しかも高高度となることが多いので，垂直圏に沿って測定するように注意する。

2　低速船や東西方向に近い針路のときは，正中時直前から高度を連測してその最大高度を子午線高度としてよいが，南北方向に近い針路で高速航行するときは子午線高度と極大高度に差を生じるので，この改正を行うか，または計算した正中時を号笛で合図して測定する。

3　観測高度の誤差および赤緯の誤差がそのまま緯度誤差となるから，慎重に観測するとともに，正中時を正確に算出して赤緯を求める必要がある。

子午線高度と極大高度

問題　20　子午線高度と極大高度の関係について説明せよ。南に近い針路で航走中，南面して子午線高度を観測する場合，極大高度となるのは正中時の前後いずれか。

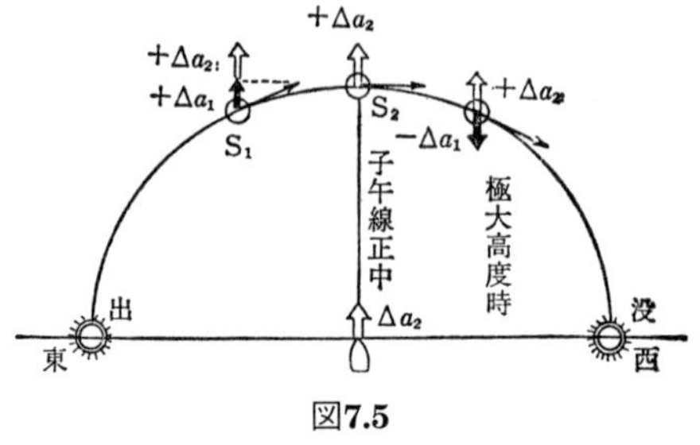

図7.5

解答　天体の日周運動による高度の変化 Δa_1 は正中前が(＋)，正中時に0，正中後に（－）であり，もちろんこの場合は正中時が最大高度となる。

しかし，図7.5のように船が天体方向へ航行中であれば，航走分 Δa_2 だけ天体高度が増加するから，正中時に日周運動による高度増加が0となっても依然高度は増加を続け正中後に，日周運動により高度が下りはじめて，それが Δa_2 に等しくなったときに，見かけ上の高度上昇が止まり，ここで極大高度となる。これを題意にあてはめれば，極大高度は正中後に起こる。

船が東西方向に航走中であれば，子午線付近にある天体と平行なので，航走分 Δa_2 は無視してよい。

傍子午線高度緯度法実施上の注意

問題　21　傍子午線高度緯度法を実施する際の注意を述べよ。

解答　傍子午線高度緯度法は，子午線高度緯度法により緯度を求める際，曇天および霧等によって正中高度が測定困難な場合に行われる。

傍子午線高度緯度法の計算は，算出する式の省略や仮定を含んでいるので，実用上の精度を満足できる適用条件を知っておく必要がある。

1　適用範囲

誤差を1′以内にとどめるためには「**正中時の前後に頂距の度数単位を時間の分単位に読みかえた時間間隔以内であること**」を一応の限界としている。

観測時と正中時との時間間隔は，頂距（90°－子午線高度）より小さいことが必要である。

例えば，子午線高度が60°であれば，頂距が30°（＝90°－60°）であるので，正中前後30分以内に観測する必要がある。

2　測定緯度に対する注意

本法による測定緯度は，正午の緯度ではなく，観測時の緯度となる。

また，本法による測定緯度は，推定経度に対する値であって，推定経度に誤差があれば，緯度に波及する。

実測経度ではなく，推定経度を使用することによる測定緯度の誤差は，天体の方位角が大きいほど影響が大きくなる。この点からも天体はなるべく子午線に近いものを選ぶ必要がある。

推定緯度を使用することによる誤差の影響は，測定緯度を推定緯度として再計算することにより誤差を小さくすることができる。

北極星緯度法実施上の注意

問題　22　北極星緯度法実施上の注意を述べよ。

解答　北極星は暗い２等星であるから，薄明時の水平線の明るい時機に肉眼はもちろん，六分儀望遠鏡の視野にとらえることは相当困難である。しかし，極の高度はその他の緯度に等しいから，推定緯度を六分儀の示標桿に整えて北方の視水平付近の視野を探すと発見しやすい。この場合，概略の時角を求めて，北極星緯度表の第１改正値を符号を反転して推定緯度に加減した値を用いれば，さらに発見が容易である。

極下正中・東西圏通過の条件

問題　23　下記の状態の天体が観測できる条件を述べよ。

(1)　極下正中　　　(2)　東西圏通過

解答　***1***　極下正中

図７．６において極下正中はX_2の状態である。NP は測者の緯度l，PX_2は天体 X の極距（90°$-d$）であるから，極下正中の観測できる条件は，l，dが同符号で，かつ

$$l > 90° - d$$

2　東西圏通過

東西圏を通過する天体は，図のように ZQ の間で子午線に正中するから，l，d 同名で，$l > d$ でなければならない。

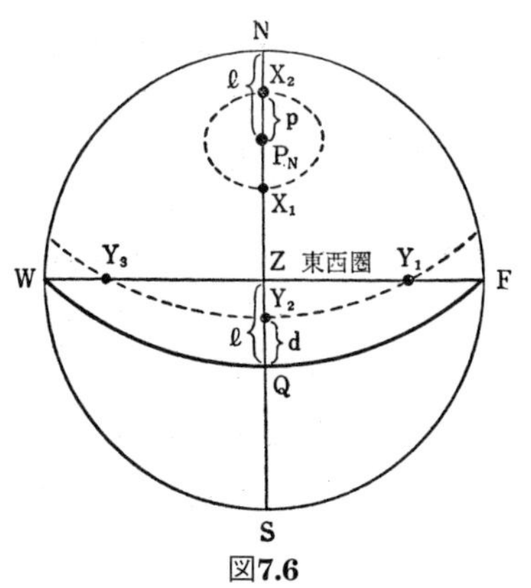

図7.6

単一位置の線の利用法

問題 24 天測による1本の位置の線の利用法を述べよ。

解答 ***1*** **近似位置の推定**

推定位置から位置の線に下ろした垂線の足が,最も確率の高い船位である。

2 **位置の線の方向による利用法**

1. 天体が東西方向のときは天測経度を,南北方向のときは天測緯度を求めることができる。
2. 天体が船首尾方向のときは航程誤差を,正横方向のときは針路誤差を検出することができる。
3. 位置の線が目的地の方向またはその付近の顕著な目標に向かっているときには,位置の線上を航行すれば目標にとりつきやすく,パイロット・ラインとして利用できる。

3 **他の位置の線との組み合わせ**

陸標の方位線,水深などと組み合わせて船位決定に用いることができる。

隔時観測による正午船位の精度

問題 25 太陽の隔時観測による正午位置の精度を高めるために注意すべき点をあげよ。

解答 ***1*** 高度,水平線の状態などに注意して位置の線の精度を高める。

2 位置の線の交角を90°に近づける。後測位置の線は緯度の線であるから,午前の観測はなるべく太陽が東西圏に近い時機がよい。

3 前測位置の線の転位を正確に行う。転位は実際に船が航走した針路・距離に応じて行わなければならないから,海潮流や風圧差を正しく推定する必要がある。しかし,転位誤差は時間に比例して増大するので,位置の線の交角との勘案でなるべく間隔を短くする方がよい。

4 午前の観測を1度にとどめず,適当な間隔で何回か観測すれば,精度のよい船位を求めることができる。

太陽と北極星による船位の精度

問題　26　太陽と北極星の隔時観測により船位を決定する場合，船位の精度を高めるための要件について述べよ。

解答　*1*　位置の線の精度

太陽は低高度の観測を避ける。北極星は薄明時のなるべく水平線の明瞭な時に観測する。

2　位置の線の交角

太陽と北極星の位置の線の組み合わせは，視正午位置の決定と同様な形になり，太陽の方位角が交角に等しくなる。したがって，90°に近い交角を得るためには，東西圏付近の太陽を測定すればよい。

3　位置の線の転位誤差

転位誤差を小さくするには，実航針路・実速力の正確な推定を行うとともに，転位時間を短くするように努める。

同時観測における天体の選定

問題　27　天体の同時観測による船位測定に際して，正確な船位を得るためにはどのような天体を選べばよいか。

解答　*1*　天体の高度は30°～60°程度のものを選ぶこと。

2　2天体の場合，天体の方位角はその差角が90°に近いものを選ぶこと。

3　3天体の場合は，一般には天体の方位が180°以上にわたり，それらの方位の差角が120°ずつになるように選ぶとよい。

また正確な緯度を必要とする場合は南と北に各1と東西圏付近の1天体を選ぶとよい。

正確な経度を必要とする場合は，東と西に各1と子午線付近の1天体を選ぶとよい。

4　4天体の場合は，互いに反方位に2天体を2組選び，それぞれの2等分線が90°に近い角で交わるものがよい。

5　なるべく光度の大きい天体が望ましいが，月は観測誤差が大きくなりやすいので優先しない方がよい。

6　薄明または夜間の星測の精度は水平線の明るさに左右されるから，水平線の明るい方向のものを選ぶ。

7 同時観測でも数個の天体を観測するには時間がかかるので，観測間隔に応じた位置の線の微小な転位が必要である。

昼間の同時観測

問題 28 昼間天体の同時観測による船位決定が実施できるのはどんな場合か。また，そのときの注意を述べよ。

解答 ***1*** 太陽と月の同時観測

月が上弦または下弦に近いときは月と太陽の方位の差角も90°に近いから，上弦の場合は午後，下弦の場合は午前に両方の高度が適当なときに観測するとよい。

しかし，月は盈虚（えいきょ）（月の満ち欠け）があることや天球上の位置変化が大きいので，観測および天測暦の利用に十分注意する必要がある。

〔注〕 海上保安庁が刊行する「天測歴」及び「天測計算表」は，令和4年（2022）版を最後に廃版となっている。

2 太陽と金星の同時観測

金星の光度が大きく，最大離角付近にある場合（太陽と金星の**E**の差が大なるとき）には，よく晴れた日の昼間でも金星を視認することができ，太陽との方位角の差も比較的大きいので，同時観測による船位が求められる。

ただし，昼間金星を肉眼で探すのは相当難しいので，予定時刻における金星の高度・方位角をあらかじめ計算しておき，それを利用して六分儀で探せば発見が容易である。

天測位置の線の誤差

問題 29 天測位置の線に含まれる誤差の原因をあげよ。

解答 ***1*** 観測高度の誤差

六分儀器差，高度改正に関する誤差（主として気差と眼高差の変動），観測誤差および個人差などがある。

2 計算高度の誤差

天測暦および計算表の精度，観測時の誤差，計算間違いなど。

〔注〕 海上保安庁が刊行する「天測歴」及び「天測計算表」は，令和4年（2022）版を最後に廃版となっている。

3　計算方位角の誤差

4　位置の圏の曲率による誤差（問題31参照）

5　漸長図使用により生ずる誤差

位置の圏を漸長図上に直線として記入することによる誤差。

6　位置の線の転位誤差

曲　率　誤　差

問題　30　天測による位置の圏の曲率誤差について述べよ。

解答　位置の圏は天体の地位を中心として頂距を半径とする地球上の小圏である。しかし，この小圏を大尺度の海図に作図することは一般に難しいので，推測位置付近の位置の圏の一部を直線で近似して描いている。位置の線は推定位置から位置の圏へ下ろした垂線の足を通り，位置の圏に接する直線であるが，位置の圏と位置の線の隔たりを位置の線の曲率誤差といい，実際の船位が推定位置から位置の線に下ろした垂線の足から離れるほど，また，天体の高度が高くなるほどこの誤差は大きくなる。これは近似的に次式で示される。

$$\Delta a = \frac{S^2}{6876} \tan a \qquad \left(\begin{array}{l} \Delta a \text{：曲率誤差} \\ S \text{：位置の線の長さ} \\ a \text{：天体の高度} \end{array} \right)$$

誤差三角形の処理法

問題　31　3天体の同時観測による位置の線で誤差三角形が生じた場合に，船位を決定する方法を説明せよ。

解答　***1***　特に水平線不良など観測条件の悪かったものは棄てるか，または船位修正の参考程度にとどめる。

2　精度に優劣のない場合，誤差三角形から推論できる船位は次のとおりである。

1.　誤差三角形が定誤差（大きさおよび符号が同じ誤差）により生じた場合。

①　3天体の方位が180°以上にわたっている場合は三角形の内接円の中心。

②　3天体の方位が180°以内のときは傍接円の中心。

2. 誤差三角形が偶然誤差により生じた場合。この場合は，三角形の３辺までの距離が３辺の長さに比例する点（類似重心）。

3 定誤差と偶然誤差の判別

誤差三角形から両方を判別することは不可能で，実際は両方が混りあって生じるのが普通である。

しかし，技術の練磨により，個人差や観測誤差は小さくすることができるし，六分儀器差などを正確に把握しておけば，定誤差は非常に小さくすることができるから，誤差三角形が小さな場合は偶然誤差によるものと考えてよい。

誤差三角形が大きい場合は，器差の変化のような定誤差を考えてみる必要がある。

三角形がさらに大きな場合は，水平線誤認や計算違いなどの過失があったと考え，再測定をすること。

海技士国家試験・受験と免許の手引

（小型船舶操縦士を除く。）

◆受験手続◆

1．受験資格

① 年齢

筆記試験に年齢制限はない（ただし、海技士（通信）及び海技士（電子通信）のみ、試験開始期日の前日までに17歳9月の年齢に達していること。）。なお、免許は18歳にならないと与えられない。

② 乗船履歴（筆記試験のみ受験する場合は不要）

(イ) 試験の種別により異なるが、次のいずれかに該当していること。

(a) 一般の乗船履歴による場合は、船舶職員及び小型船舶操縦者法施行規則（以下「規則」という。）の別表第5に規定された乗船履歴を有すること。

(b) 海事関係大学（水産大学校及び海上保安大学校本科を含む。）・高等専門学校・高等学校の卒業者の場合は、規則別表第6に規定された単位数を取得し、及び乗船履歴を有すること。

(c) 海技教育機構、海上保安大学校特修科、海上保安学校の卒業者又は修了者は、規則第27条及び第27条の3に規定された乗船履歴を有すること。

(ロ) 乗船履歴として認められない履歴

(a) 15歳に達する前の履歴

(b) 試験開始期日前15年を超える前の履歴

(c) 主として船舶の運航、機関の運転又は船舶における無線電信若しくは無線電話による通信に従事しない職務の履歴（三級海技士（通信）試験又は四級海技士（電子通信）試験に対する乗船履歴の場合を除く。）

2．受験申請書の提出期間

① 定期試験

試験開始期日の35日前（2月の定期試験は40日前）から15日前まで（口述のみ受験する場合は前日まで）

② 臨時試験

試験地を管轄する地方運輸局等にそのつど掲示される。

3．試験を申請するとき提出する書類

① 海技試験申請書、海技士国家試験申請書（二）

② 写真2葉（申請前6月以内に脱帽、上半身を写した台紙に貼らないもの（縦30mm、横30mm）で、裏面下半分に横書きで氏名及び生年月日を記載したもの）

③ 戸籍抄本、戸籍記載事項証明書又は本籍の記載のある住民票の写しのいずれか（海技士にあっては、海技免状の写しをもって代えることができる。）

④ 海技士は、海技免状又はその写し（その写しには、正本と照合した旨の地方運輸局又はその運輸支局（海事事務所を含む。）の証明が必要。⑤及び⑦の「写し」も同じ。）

⑤ 海技士（通信）又は海技士（電子通信）の資格についての試験を申請する者は、無線従事者免許証及び船舶局無線従事者証明書又はその写し

⑥ 受験票

⑦ 乗船履歴の特則の適用を受ける海事関係学校の卒業者又は修了者は、卒業証書又はその写し、卒業証明書、修了証書又はその写し、修了証明書のいずれか

⑧ 乗船履歴の項（イ）(b) に該当する学校の卒業者の場合は、修得単位証明書

⑨ 乗船履歴の証明書（次のいずれかに該当するもの）

(イ) 船員手帳又は地方運輸局長の船員手帳記載事項証明

(ロ) 船員手帳を失い、又はき損した者が官公署の船舶に乗り組んだ履歴については、その官公署の証明。官公署以外の船舶に乗り組んだ履歴については、船舶所有者又は船長の証明

(ハ) 船員手帳のない者が船舶に乗り組んだ場合も前記（ロ）と同様

(ニ) 前記（ロ）又は（ハ）の場合であって船舶所有者又は船長が乗船履歴を証明する場合は、さらに、船舶検査手帳を写し、漁船の登録の謄本、市町村長の証明書のうち、いずれか

(ホ) 自己所有の船舶又は自分が船長である船舶に乗り組んだ履歴については、(ニ) の他に、その船舶に乗り組んだ旨の係留施設の管理者等又は他の船舶所有者の証明若しくは居住地の市町村長の証明

(ヘ) 前記（ホ）の場合であって、他の船舶所有者が証明した場合は、その船舶所有者の印鑑証明

⑩ 海技士身体検査証明書（指定医師（船員法施行規則第55条第1項に規定する指定医師をいう。詳細は国土交通省ＨＰ（http://www.mlit.go.jp/maritime/maritime_fr4_000009.html）又は各地方運輸局に問い合わせること）により試験開始期日前6月以内に受けた検査結果を記載したもの）

⑪ 身体検査合格者で身体検査の省略を受けようとする者は、合格証明書

⑫ 筆記試験にすでに合格しているものは、筆記試験合格証明書

⑬ 筆記試験の科目免除を受けようとする者は、その試験科目の筆記試験免除科目証明書

⑭ 登録船舶職員養成施設の課程を修了し、学科試験の免除を受けようとする者は、その養成施設の発行した修了証明書

⑮ 納付書（各種手数料の額に相当する額の収入印紙を貼付する。）（収入印紙に消印をしないこと。）

4．申請書提出先

試験を受ける地を管轄する地方運輸局（運輸監理部を含む。）の船員労働環境・海技資格課又は海技資格課（沖縄の場合は、沖縄総合事務局船舶船員課）

(2021.7)

〈地方運輸局等所在地〉

北海道運輸局	札幌市中央区大通西10
東北運輸局	仙台市宮城野区鉄砲町1
関東運輸局	横浜市中区北仲通5の57
北陸信越運輸局	新潟市中央区美咲町1の2の1
中部運輸局	名古屋市中区三の丸2の2の1
近畿運輸局	大阪市中央区大手前4の1の76
神戸運輸監理部	神戸市中央区波止場町1の1
中国運輸局	広島市中区上八丁堀6の30
四国運輸局	高松市サンポート3番33号
九州運輸局	福岡市博多区博多駅東2の11の1
沖縄総合事務局	那覇市おもろまち2の1の1

5．試験の期日及び場所

〈定期試験〉

試験期日	試　験　場　所
年4回、各一ヶ月程度の期間で実施 2月　1日～ 4月10日～ 7月　1日～ 10月　1日～	札幌市、仙台市、横浜市、新潟市、名古屋市、大阪市、神戸市、広島市、高松市、福岡市、那覇市

〈臨時試験〉

そのつど地方運輸局に公示される。

6．試験の手数料（2021（R3）.4.1現在）

試験の種別	身体検査	学科試験	
		筆記	口述
一級海技士（航海） 二級海技士（航海） 一級海技士（機関） 二級海技士（機関）	円 870	円 7,200	円 7,500
三級海技士（航海） 三級海技士（機関）	870	5,400	5,500
四級海技士（航海） 五級海技士（航海） 四級海技士（機関） 五級海技士（機関）	870	3,500	3,700
六級海技士（航海） 六級海技士（機関）	870	2,400	3,000
一級海技士（通信） 一級海技士（電子通信） 二級海技士（電子通信） 三級海技士（電子通信）	870	5,000 ※	—
二級海技士（通信）	870	3,400	—
三級海技士（通信） 四級海技士（電子通信）	870	2,700	—

※　外国で受験する場合は6,900円を加算する。

◆合格後の手続◆

（免許の申請）

海技免状の交付を受けるためには、口述試験（通信又は電子通信の場合は筆記試験）等の最終試験に合格した後、免許申請手続をしなければなりません。

1．申請書類の提出先

最寄りの地方運輸局又は運輸監理部（指定運輸支局及び指定海事事務所も可。沖縄の場合は沖縄総合事務局）

2．申請書類の提出期間

試験に合格した日（最終試験に合格した日）から1年以内。この期間を過ぎると免許の申請はできなくなり、合格は無効となります。

3．申請に必要な書類（提出書類）

① 海技免許申請書

② 海技免状用写真票（試験申請時と同じ規格の写真を貼付し、氏名欄のうち1欄はローマ字でサイン）

③ 試験を受けた地の地方運輸局以外の地方運輸局に申請する場合は、海技士国家試験合格証明書

④ 三級海技士（航海）、三級海技士（機関）、一級海技士（通信）又はこれらより下級の資格の免許を申請する場合は、免許講習の課程を修了したことを証明する書類（規則第3条の2の規定により修了することを要しないとされた者を除く。）

⑤ 二級海技士（航海）、二級海技士（機関）、又はこれらより下級の資格の免許を申請する者（すでに履歴限定が解除されている者を除く。）は、その者の有する乗船履歴の証明書

⑥ （登録免許税）納付書

納付書に、下記の額に相当する額の収入印紙又は領収証書（登録免許税を国庫納金した銀行又は郵便局のもの）を貼って提出する。なお、収入印紙には消印をしないこと。

免　許　の　資　格		登録免許税の額
一級海技士（航海）	一級海技士（機関）	15,000円
二級海技士（航海）	二級海技士（機関）	9,000
三級海技士（航海）	三級海技士（機関）	
四級海技士（航海）	四級海技士（機関）	4,500
五級海技士（航海）	五級海技士（機関）	3,000
六級海技士（航海）	六級海技士（機関）	2,100
一級海技士（通信）	一級海技士（電子通信）	7,500
	二級海技士（電子通信）	
	三級海技士（電子通信）	
二級海技士（通信）		6,000
三級海技士（通信）	四級海技士（電子通信）	2,100

（注）　資格には、船橋当直限定、機関当直限定及び内燃機関限定のものを含む。

⑦　進級の場合は、申請する資格より下級の免状
⑧　その他現在所持しているすべての免状又は操縦免許証の写し
⑨　規則第4条第5項の規定による限定を解除する者は、登録電子海図情報表示装置講習の課程を修了したことを証明する書類（海技士（航海）の免許を申請する者に限る）
⑩　海技士（航海）の免許を申請する者で、国際航海に従事するため無線資格の確認を希望する場合には、受有する無線資格に係る無線従事者免許証の写しを添付
⑪　海技免許の申請及び受領を他人に委任する場合には、海技免許の申請及び受領に関する権限を委任する旨の委任状

◆受験者の心得◆

1．　算法の添付のない製図器具、定規、メートル尺、卓上計算機（計算の方法等がプログラムできないものに限る。）又は計算尺、鉛筆、消ゴム、小刀及び指定された図書以外の物を試験場に持参することはできません。指定された図書を携帯するときは、試験官の検査を受けてください。
2．　試験官の許しを受けないで、みだりに試験場に出入りしてはなりません。また、試験開始後30分間は試験場から退出することはできません。試験官の許しを受けて試験場を出るときは、試験問題その他の試験に関する用紙類を持ち出してはなりません。
3．　試験場では静粛にし、みだりに他の受験者と私語を交わしてはいけません。やむを得ない要件がある場合は、試験官に申し出てください。
4．　携帯電話、PHS等の無線通信機器は電源を切り、かばん等に入れてください。
5．　筆記試験の答案用紙が配られたら直ちに試験の種別及び受験番号を明確に記入してください。
6．　試験時間が終了した場合には、直ちに答案を提出して試験場から退出しなければなりません。なお、答案を提出した後は、訂正したり、追加したりすることはできません。
7．　答案を提出した後は、速やかに退出してください。退出に際し試験問題は持ち帰ることができます。
8．　試験のために貸与された天測暦その他の図書は、退出する際試験官に返さなければなりません。なお、貸与された図書を汚損したときは、弁償していただくことがあります。

◆身体検査実施要領◆

1．　聴力の検査（検査の必要を認めた場合に行う。）は、受験者に両眼を閉じさせる等試験官の唇を視認できないようにさせる。試験官は、五メートルの距離にあって話声語（机に向かい合い、話をして相手に理解できる程度の普通の大きさの音声をいう。）で地名又は物名などの単語を発し、受験者に聴取したとおり復唱させる。この方法を一耳につき五回程度単語を代えて行い、その結果により判定する。

2．　身体機能の障害等の検査（身体検査の受験者全員に対して行う。）
(1) 受験者に次の運動をさせ、その間に各受験者の身体機能の障害の有無、義手義足の装着の有無及び運動機能の状況を観察する。
　① 手指を屈伸させる。
　② 手を前、上、横に屈伸させる。
　③ 手を腰につけ、かかとを上げさせて膝の屈伸をさせる。
(2) 上肢の手指に障害がある者に対しては、握力計による検査を行う。

著者紹介

平野(ひらの)　研一(けんいち)

東京商船大学航海科卒業（昭和54年）
日本国有鉄道勤務
海技大学校講師
元海技大学校教授　航海学担当

岡本(おかもと)　康裕(やすひろ)

鳥羽商船高等専門学校航海学科卒業（昭和55年）
海技大学校本科航海科卒業（昭和60年）
海技大学校准教授　航海計器担当

二級(にきゅう)・三級(さんきゅう)海技士(かいぎし)（航海(こうかい)）
口述試験(こうじゅつしけん)の突破(とっぱ)　航海編(こうかいへん)　（6訂版）

定価はカバーに表示してあります。

1985年7月28日　初 版 発 行
2024年1月28日　6訂再版発行
著　者　平野研一・岡本康裕
発行者　小川啓人
印　刷　亜細亜印刷株式会社
製　本　東京美術紙工協業組合

発行所 株式会社 成山堂書店
〒160-0012　東京都新宿区南元町4番51　成山堂ビル
TEL：03（3357）5861　FAX：03（3357）5867
URL　https://www.seizando.co.jp
落丁・乱丁本はお取換えいたしますので，小社営業チーム宛にお送りください。

ISBN978-4-425-02807-8

❈辞　典・外国語❈

✣辞　典✣

英和海事大辞典(新装版)	逆井編	16,000円
和英英和船舶用語辞典(2訂版)	東京商船大辞典編集委員会編	5,000円
英和海洋航海用語辞典(2訂増補版)	四之宮編	3,600円
英和和英機関用語辞典(2訂版)	升田編	3,200円
新訂 図解 船舶・荷役の基礎用語	宮本編著 新日検改訂	4,300円
海に由来する英語事典	飯島・丹羽共訳	6,400円
船舶安全法関係用語事典(第2版)	上村編著	7,800円
最新ダイビング用語事典	日本水中科学協会編	5,400円

✣外国語✣

新版英和対訳IMO標準海事通信用語集	海事局監修	5,000円
英文和文新しい航海日誌の書き方	四之宮著	1,800円
発音カナ付英文・和文新しい機関日誌の書き方(新訂版)	斎竹著	1,600円
実用英文機関日誌記載要領	岸本大橋共著	2,000円
新訂 船員実務英会話	水島編著	1,800円
復刻版海の英語—イギリス海事用語根源—	佐波著	8,000円
海の物語(改訂増補版)	商船高専英語研究会編	1,600円
機関英語のベスト解釈	西野著	1,800円
海の英語に強くなる本—海技試験を徹底攻略—	桑田著	1,600円

❈法令集・法令解説❈

✣法　令✣

海事法令シリーズ①海運六法	海事局監修	19,000円
海事法令シリーズ②船舶六法	海事局監修	46,500円
海事法令シリーズ③船員六法	海事局監修	36,000円
海事法令シリーズ④海上保安六法	保安庁監修	20,500円
海事法令シリーズ⑤港湾六法	港湾局監修	19,000円
海技試験六法	海技・振興課監修	5,000円
実用海事六法	国土交通省監修	35,000円
安全法シリーズ①最新船舶安全法及び関係法令	安全基準課監修	9,800円
最新小型船舶漁船安全関係法令	安基課・測度課監修	6,400円
加除式危険物船舶運送及び貯蔵規則並びに関係告示(加除済み台本)	海事局監修	27,000円
最新船員法及び関係法令	船員政策課監修	7,000円
最新船舶職員及び小型船舶操縦者法関係法令	海技・振興課監修	6,800円
最新海上交通三法及び関係法令	保安庁監修	4,600円
最新海洋汚染等及び海上災害の防止に関する法律及び関係法令	総合政策局監修	9,800円
最新水先法及び関係法令	海事局監修	3,600円
船舶からの大気汚染防止関係法令及び関係条約	安全基準課監修	4,600円
最新港湾運送事業法及び関係法令	港湾経済課監修	4,500円
英和対訳 2021年STCW条約〔正訳〕	海事局監修	28,000円
英和対訳 国連海洋法条約〔正訳〕	外務省海洋課監修	8,000円
英和対訳 2006年ILO海上労働条約〔正訳〕2021年改訂版	海事局監修	7,000円
船舶油濁損害賠償保障関係法令・条約集	日本海事センター編	6,600円

✣法令解説✣

シップリサイクル条約の解説と実務	大坪他著	4,800円
海事法規の解説	神戸大学編著	5,400円
海上交通三法の解説(改訂版)	巻幡有山共著	4,400円
四・五・六級海事法規読本(2訂版)	及川著	3,300円
ISMコードの解説と検査の実際—国際安全管理規則がよくわかる本—(3訂版)	検査測度課監修	7,600円
運輸安全マネジメント制度の解説	木下著	4,000円
船舶検査受検マニュアル(増補改訂版)	海事局監修	8,000円
船舶安全法の解説(5訂版)	有馬　編	5,400円
国際船舶・港湾保安法及び関係法令	政策審議官監修	4,000円
図解　海上衝突予防法(11訂版)	藤本著	3,200円
図解　海上交通安全法(10訂版)	藤本著	3,200円
図解　港則法(3訂版)	國枝・竹本著	3,200円
海上衝突予防法100問100答(2訂版)	保安庁監修	2,400円
海上交通安全法100問100答(2訂版)	保安庁監修	3,400円
逐条解説　海上衝突予防法	河口著	9,000円
港則法100問100答(3訂版)	保安庁監修	2,200円
海洋法と船舶の通航(改訂版)	日本海事センター編	2,600円
船舶衝突の裁決例と解説	小川著	6,400円
内航船員用海洋汚染・海上災害防止の手びき—未来に残そう美しい海—	日海防編	3,000円
海難審判裁決評釈集	21海事総合事務所編著	4,600円
1972年国際海上衝突予防規則の解説(第7版)	松井・赤地・久古共訳	6,000円
新編 漁業法詳解(増補5訂版)	金田著	9,900円
概説 改正漁業法	小松監修 有薗著	3,400円

❖海運・港湾・流通❖

海運実務

書名	著者	定価
新訂 外航海運概論	森編著	3,800円
内航海運概論	畑本・古荘共著	3,000円
設問式 定期傭船契約の解説(新訂版)	松井著	5,400円
傭船契約の実務的解説(2訂版)	谷本・宮脇共著	6,600円
設問式 船荷証券の実務的解説	松井・黒澤編著	4,500円
設問式 シップファイナンス入門	秋葉編著	2,800円
設問式 船舶衝突の実務的解説	田川監修・藤沢著	2,600円
海損精算人が解説する共同海損実務ガイダンス	重松監修	3,600円
LNG船がわかる本(新訂版)	糸山著	4,400円
LNG船運航のABC(2訂版)	日本郵船LNG船運航研究会 著	3,800円
LNG船・荷役用語集(改訂版)	ダイアモンド・ガス・オペレーション㈱編著	6,200円
内航タンカー安全指針〔加除式〕	内タン組合編	12,000円
コンテナ物流の理論と実際―日本のコンテナ輸送の史的展開―	石原合田共著	3,400円
載貨と海上輸送(改訂版)	運航技術研編	4,400円
海上貨物輸送論	久保著	2,800円
危険物運送のABC	山口・新日本検定協会・三井住友海上火災保険共著	3,500円
国際物流のクレーム実務―NVOCCはいかに対処するか―	佐藤著	6,400円
船会社の経営破綻と実務対応	佐藤雨宮共著	3,800円
海事仲裁がわかる本	谷本著	2,800円
船舶売買契約書の解説(改訂版)	吉丸著	8,400円

海難・防災

書名	著者	定価
新訂 船舶安全学概論(改訂版)	船舶安全学研究会著	2,800円
海の安全管理学	井上著	2,400円

海上保険

書名	著者	定価
漁船保険の解説	三宅・浅田 菅原 共著	3,000円
海上リスクマネジメント(2訂版)	藤沢・横山 小林 共著	5,600円
貨物海上保険・貨物賠償クレームのQ&A(改訂版)	小路丸著	2,600円
貿易と保険実務マニュアル	石原・土屋 水落・吉永共著	3,800円

液体貨物

書名	著者	定価
液体貨物ハンドブック(2訂版)	日本海事検定協会監修	4,000円

■油濁防止規程　内航総連編

150トン以上200トン未満タンカー用	1,000円
200トン以上タンカー用	1,000円
400トン以上ノンタンカー用	1,600円

■有害液体汚染・海洋汚染防止規程　内航総連編

有害液体汚染防止規程(150トン以上200トン未満)	1,200円
〃　(200トン以上)	2,000円
海洋汚染防止規程(400トン以上)	3,000円

港　湾

書名	著者	定価
港湾倉庫マネジメント―戦略的思考と黒字化のポイント―	春山著	3,800円
港湾知識のABC(13訂版)	池田・恩田共著	3,500円
港運実務の解説(6訂版)	田村著	3,800円
新訂 港運がわかる本	天田・恩田共著	3,800円
港湾荷役のQ&A(改訂増補版)	港湾荷役機械システム協会編	4,400円
港湾政策の新たなパラダイム	篠原著	2,700円
コンテナ港湾の運営と競争	川崎・寺田 手塚 編著	3,400円
日本のコンテナ港湾政策	津守著	3,600円
クルーズポート読本	みなと総研監修	2,600円

物流・流通

書名	著者	定価
国際物流の理論と実務(6訂版)	鈴木著	2,600円
すぐ使える実戦物流コスト計算	河西著	2,000円
高崎商科大学叢書 新流通・経営概論	高崎商科大学 編	2,000円
新流通・マーケティング入門	金他共著	2,800円
激動する日本経済と物流	ジェイアール貨物リサーチセンター著	2,000円
ビジュアルでわかる国際物流(2訂版)	汪　著	2,800円
グローバル・ロジスティクス・ネットワーク	柴崎編	2,800円
増補改訂 貿易物流実務マニュアル	石原著	8,800円
輸出入通関実務マニュアル	石原松岡共著	3,300円
新・中国税関実務マニュアル	岩見著	3,500円
ヒューマン・ファクター―航空の分野を中心として―	黒田監修 石川監訳	4,800円
ヒューマン・ファクター―安全な社会づくりをめざして―	日本ヒューマンファクター研究所編	2,500円
航空の経営とマーケティング	スティーブン・ショー/山内・田村著	2,800円
シニア社会の交通政策―高齢化時代のモビリティを考える―	高田著	2,600円
安全運転は「気づき」から	春日著	1,400円
交通インフラ・ファイナンス	加藤手塚共著	3,200円

❖航　海❖

書名	著者	定価
航海学(上)(6訂版)(下)(5訂版)	辻・航海学研究会著	4,000円 / 4,000円
航海学概論(改訂版)	鳥羽商船高専ナビゲーション技術研究会編	3,200円
航海応用力学の基礎(3訂版)	和田著	3,800円
実践航海術	関根監修	3,800円
海事一般がわかる本(改訂版)	山崎著	3,000円
天文航法のABC	廣野著	3,000円
平成27年練習用天測暦	航技研編	1,500円
新訂 初心者のための海図教室	吉野著	2,300円
四・五・六級航海読本(2訂版)	及川著	3,600円
四・五・六級運用読本	藤井・野間共著	3,600円
船舶運用学のABC	和田著	3,400円
魚探とソナーとGPSとレーダーと舶用電子機器の極意(改訂版)	須磨著	2,500円
新版電波航法	今津・榧野共著	2,600円
航海計器シリーズ①基礎航海計器(改訂版)	米沢著	2,400円
航海計器シリーズ②新訂増補 ジャイロコンパスとオートパイロット	前畑著	3,800円
航海計器シリーズ③電波計器(5訂増補版)	西谷著	4,000円
船用電気・情報基礎論	若林著	3,600円
詳説 航海計器(改訂版)	若林著	4,500円
航海当直用レーダープロッティング用紙	航海技術研究会編著	2,000円
操船通論(8訂版)	本田著	4,400円
操船の理論と実際(増補版)	井上著	4,800円
操船実学	石畑著	5,000円
曳船とその使用法(2訂版)	山縣著	2,400円
船舶通信の基礎知識(3訂増補版)	鈴木著	3,000円
旗と船舶通信(6訂版)	三谷・古藤共著	2,400円
大きな図で見るやさしい実用ロープ・ワーク(改訂版)	山﨑著	2,400円
ロープの扱い方・結び方	堀越・橋本共著	800円
How to ロープ・ワーク	及川・石井・亀田共著	1,000円

❖機　関❖

書名	著者	定価
機関科一・二・三級執務一般	細井・佐藤・須藤共著	3,600円
機関科四・五級執務一般(3訂版)	海教研編	1,800円
機関学概論(改訂版)	大島商船高専マリンエンジニア育成会編	2,600円
機関計算問題の解き方	大西著	5,000円
機関算法のABC	折目・升田共著	2,800円
舶用機関システム管理	中井著	3,500円
初等ディーゼル機関(改訂増補版)	黒沢著	3,400円
舶用ディーゼル機関教範	長谷川著	3,800円
舶用ディーゼルエンジン	ヤンマー編著	2,600円
舶用エンジンの保守と整備(5訂版)	藤田著	2,400円
小形船エンジン読本(3訂版)	藤田著	2,400円
初心者のためのエンジン教室	山田著	1,800円
蒸気タービン要論	角田著	3,600円
詳説舶用蒸気タービン(上)(下)	古川・杉田共著	9,000円 / 9,000円
なるほど納得!パワーエンジニアリング(基礎編)(応用編)	杉田著	3,200円 / 4,500円
ガスタービンの基礎と実際(3訂版)	三輪著	3,000円
制御装置の基礎(3訂版)	平野著	3,800円
ここからはじめる制御工学	伊藤監修 章著	2,600円
舶用補機の基礎(増補9訂版)	重川・島田共著	5,400円
舶用ボイラの基礎(6訂版)	西野・角田共著	5,600円
船舶の軸系とプロペラ	石原著	3,000円
新訂金属材料の基礎	長崎著	3,800円
金属材料の腐食と防食の基礎	世利著	2,800円
わかりやすい材料学の基礎	菱田著	2,800円
エンジニアのための熱力学	刑部監修 角田・川原共著	3,400円
Case Studies: Ship Engine Trouble	NYK LINE Safety & Environmental Management Group	3,000円

■航海訓練所シリーズ（海技教育機構編著）

帆船　日本丸・海王丸を知る(改訂版)	2,400円
読んでわかる　三級航海　航海編(改訂版)	4,000円
読んでわかる　三級航海　運用編(改訂版)	3,500円
読んでわかる　機関基礎(改訂版)	1,800円

■交通ブックス

208 新訂 内航客船とカーフェリー	池田著	1,500円
211 青函連絡船 洞爺丸転覆の謎	田中著	1,500円
215 海を守る 海上保安庁 巡視船(改訂版)	邊見著	1,800円
217 タイタニックから飛鳥Ⅱへ ―客船からクルーズ船への歴史―	竹野著	1,800円
218 世界の砕氷船	赤井著	1,800円
219 北前船の近代史―海の豪商が遺したもの―	中西著	1,800円
220 客船の時代を拓いた男たち	野間著	1,800円
221 海を守る海上自衛隊 艦艇の活動	山村著	1,800円

◈受験案内◈

海事代理士合格マニュアル(7訂版)	日本海事代理士会 編	3,900円
海事代理士口述試験対策問題集	坂爪著	3,400円
海上保安大学校 海上保安学校への道	海上保安協会監修	2,000円
自衛官採用試験問題解答集	防衛協力会編	4,600円
気象予報士試験精選問題集	気象予報士試験研究会編著	2,800円
海上保安大学校・海上保安学校 採用試験問題解答集―その傾向と対策―(2訂版)	海上保安入試研究会 編	3,300円
海上保安大学校・海上保安学校 採用試験徹底研究―問題例と解説―	海上保安入試研究会 編	3,200円

◈教　材◈

位置決定用図(試験用)	成山堂編	150円
天気図記入用紙	成山堂編	500円
練習用海図(15号) (16号)	成山堂編	180円 180円
練習用海図(150号・200号)	成山堂編	各150円
練習用海図(150号/200号 両面刷)	成山堂編	300円
灯火及び形象物の図解	航行安全課 監修	700円

◈試験問題◈

一・二・三級海技士(航海)口述試験の突破(7訂版)	藤井・野間共著	5,600円
二級・三級海技士(航海)口述試験の突破(航海)(6訂版)	平野・岡本共著	2,700円
二級・三級海技士(航海)口述試験の突破(運用)(6訂版)	堀・淺木共著	2,700円
二級・三級海技士(航海)口述試験の突破(法規)(7訂版)	岩瀬・万谷共著	3,800円
四級・五級海技士(航海)口述試験の突破(8訂版)	船長養成協会 編	3,600円
五級海技士(航海)筆記試験 問題と解答	航海技術研究会 編	3,000円
機関科一・二・三級口述試験の突破(4訂版)	坪　著	5,600円
機関科四・五級口述試験の突破(2訂版)	坪　著	4,400円
六級海技士(航海)筆記試験の完全対策(4訂版)	小須田編著	3,000円
四・五・六級海事法規読本(2訂版)	及川著	3,300円
新訂 ステップアップのための一級小型船舶操縦士試験問題［模範解答と解説］	片寄著 國枝改訂	2,600円
新訂 二級小型船舶操縦士試験問題【解説と問題】	片寄著 國枝改訂	2,600円
五級海技士(機関)筆記試験 問題と解答	航海技術研究会 編	2,700円

■最近3か年シリーズ(問題と解答)

一級海技士(航海)800題	3,200円
二級海技士(航海)800題	3,200円
三級海技士(航海)800題	3,200円
四級海技士(航海)800題	2,300円
一級海技士(機関)800題	3,300円
二級海技士(機関)800題	3,200円
三級海技士(機関)800題	3,200円
四級海技士(機関)800題	2,300円